Der konstruktive Fortschritt

Ein Skizzenbuch

Von

Prof. Dipl.-Ing. **Carl Volk** VDI

Berlin

Mit 270 Handskizzen und 4 Abbildungen

Zweite unveränderte Auflage

Berlin

Springer-Verlag

1945

Inhalt

ISBN-13: 978-3-642-90500-1 e-ISBN- 978-3-642-92357-9

DOI: 10.1007/ 978-3-642-92357-9

Ein Skizzenbuch — in doppelter Hinsicht!

Denn der Text, der durch Skizzen erläutert wird, trägt selbst die Kennzeichen der Skizze. Dabei gilt als Kennzeichen einer Skizze nicht eine flüchtige, oberflächliche Darstellung, sondern das scharfe Hervorheben einzelner Gedankenreihen, aber auch das liebevolle Eingehen auf scheinbare Kleinigkeiten — immer mit wenig Strichen und wenig Worten. Oft sind Wort und Bild fast gleichzeitig entstanden — die Feder wurde aus der Hand gelegt und mit dem Stift vertauscht.

Ein Skizzenbuch — kein planmäßig aufgebauter Lehrgang. Denn aus der Entstehungsgeschichte dieses Buches ergab sich zwangsläufig eine große Buntheit. Fast die Hälfte aller Skizzen habe ich auf Grund von Unterlagen entworfen, die ich von befreundeter Seite, von Werkdirektoren und leitenden Konstrukteuren, von beratenden Ingenieuren und Erfindern aus den verschiedensten Fachgebieten erhalten habe; und diese Unterlagen wurden fast immer durch wertvolle mündliche oder schriftliche Mitteilungen ergänzt.

Einige Entwurfskizzen sind nach Bildern aus technischen Zeitschriften angefertigt. Sie sind meist nach Fühlungsnahme mit den Verfassern entworfen und zeigen, wie sich der Konstrukteur eine Sammlung konstruktiver Gedanken anlegen kann; sie bieten Beispiele für einen den Zielen des Konstrukteurs angepaßten Schrifttumsnachweis.

Das Skizzenbuch ist nicht für den Anfänger im Konstruieren bestimmt; es wird aber für Studierende den Unterricht ergänzen und jüngeren Konstrukteuren das Einfühlen in die Berufsarbeit erleichtern können. Und für Konstrukteure, die schon längere Zeit in einem Sonderfach tätig sind, werden manche Skizzenreihen aus einem anderen Arbeitsgebiet von Wert sein. Heute, wo die Skizze aus dem Hochschulunterricht immer mehr und mehr verschwindet und durch das Lichtbild ersetzt wird, ist es doppelt nötig, nachdrücklich auf die Entwurfskizze als Vorstufe des Konstruierens hinzuweisen. Der Wert einer Skizze beruht aber nicht auf dem fertigen Bild, sondern auf dem Entstehen des Bildes, seinem Wachsen vor den Augen des Beschauers. Daher genügt auch bei den hier gezeigten Bildern nicht das flüchtige Betrachten, das „Lesen", auch nicht das bloße Nachzeichnen. Wer wirklich in die Gedankengänge eindringen will, die von einer älteren zu einer neueren Konstruktion führen, der muß diesen Weg mit dem Bleistift in der Hand und mit Hilfe ähnlicher Skizzen verfolgen und Schritt für Schritt zu Lösungen gelangen, die in einigen Punkten auch bewußt von der hier gezeigten Entwicklung abweichen können.

Einen Teil der Skizzen habe ich in Perspektive ausgeführt, meist nach den Grundsätzen, die ich in der Schrift „Die maschinentechnischen Bauformen und das Skizzieren in Perspektive"[1] näher erläutert habe (Vgl. Zeichnungsnorm DIN 5). Ich unterscheide dort das bloße Zeichnen nach den Regeln der Darstellenden Geometrie vom Bauen, Aufbauen, Entstehenlassen eines Baukörpers aus den Grund- und Nebenformen. Natürlich ist es nicht möglich, jedesmal näher auf die Bauaufgabe, auf die Berechnung, die Werkstoffragen usf. hinzu-

[1] 6. Auflage, 1939, Verlag von Julius Springer, Berlin.

weisen. Die perspektiven Skizzen — hier Aufbau-Skizzen genannt — lassen so deutlich die Bauformen und Baukörper erkennen, daß es dem vorhin genannten Leserkreis gegenüber auch nicht nötig erschien, sie eingehend zu beschreiben. Die Bildunterschriften enthalten daher nur ganz kurze Angaben. Auf die allgemeinen Grundsätze, die für den konstruktiven Fortschritt der skizzierten und ähnlicher Bauteile maßgebend sind und waren, wird in den einzelnen Abschnitten des Textes hingewiesen. Da aber die Baukörper, und nicht die Maschinenteile behandelt werden, sind sie nach Gesichtspunkten zusammengefaßt, die oft von der sonst üblichen Einteilung abweichen.

Dem Skizzieren des Baukörpers muß das Schauen und Erkennen der einzelnen Teile in der Vorstellung vorangehen. Das Auge muß die Formen sehen, die Hand muß das Gesehene in der Skizze festhalten, Form muß sich an Form reihen, wie bei einem organisch von innen heraus wachsenden Gebilde. Und der Konstrukteur muß seine eben skizzierte, noch nicht Wirklichkeit gewordene Schöpfung nun auf ihren weiteren Wegen begleiten.

Lange bevor der Former das Modell einformt und lange bevor der Fräser das Gußstück aufspannt oder der Schweißer die Elektrode ansetzt, muß der Konstrukteur diese Arbeiten in Gedanken und in der Skizze ausführen, muß er an den Kern denken, an das Auslaufen der Werkzeuge, an die Gefahr des Verspannens, an das Messen und an den Zusammenbau. Das Skizzieren wird zu einem Schneiden, Gießen, Hobeln, Fügen — und die Zeichnung muß mühelos allen Vorgängen folgen können.

Der entwerfende Konstrukteur muß wissen und fühlen, daß auf Grund seiner Rechnungen und seiner Überlegungen nicht eine Zeichnung anzufertigen ist, sondern ein Werkstück, daß seine Skizzen Gestalt annehmen, durch Werkstätten wandern, im Raume kreisen und den „erfahrnen Bilder“ loben sollen

Der Konstrukteur und der konstruktive Fortschritt

In drei großen Kreisen vollzieht sich das konstruktive Schaffen — im *Planungskreis*, im *Rohstoffkreis* und im *Fertigungskreis*. Diese Kreise übergreifen sich aber örtlich und zeitlich und der Konstrukteur, der bei einem Hüttenwerk eine Kurbelwelle bestellen läßt, hat vielleicht selbst die Presse zum Schmieden dieser Welle entworfen. Mit anderen Worten: Auch innerhalb des Werkstoff- und Fertigungskreises kommt der *Planung* eine wichtige Rolle zu. Und hinter der Tagesaufgabe des einzelnen Konstrukteurs steht die konstruktive Gesamtarbeit, die bestimmt ist durch die Forderung, Maschinen und Geräte zu schaffen, mit denen sich die vielseitigen Verfahren und Vorgänge in der industriellen Technik durchführen lassen. Die Pläne des Chemikers, des Bergmanns, des Landwirtes, sie bedürfen zu ihrer Verwirklichung des Konstrukteurs.

Am Arbeitsplatz des Konstrukteurs treffen sich die Anregungen, Wünsche und Forderungen, die vom Verbraucher, aus den Werkstätten, von vorausgehenden und mitschreitenden Kameraden, vom Forscher und oft auch vom Staatsmann kommen und die der Konstrukteur in seiner Sprache an die Ingenieure und Facharbeiter weitergibt, die mit Herstellung, Vertrieb und Wartung der Maschinen und Geräte betraut sind.

Aber dieser lebhafte Verkehr vollzieht sich größtenteils auf zeichnerischem und schriftlichem Wege, ohne unmittelbare *persönliche* Fühlungnahme. Daraus ergeben sich manche Nachteile, und darum kommen allen Maßnahmen, die den Konstrukteur aus dieser teilweise berufsmäßig bedingten Vereinsamung lösen und ihn veranlassen, persönlich für sein Werk einzutreten, erhöhte Bedeutung zu.

Die Probleme entstehen in der Praxis, an der Werkzeugschneide oder an der Brennstoffdüse, werden Gegenstand wissenschaftlicher Untersuchungen im Laboratorium, am Prüfstand, im Flugzeug, kehren wieder zum Konstrukteur zurück und müssen von *ihm* umgesetzt werden in Form und Wirkung.

Aber nicht nur die Wege zwischen Konstrukteur, Hersteller und Verbraucher bedürfen der sorgfältigen und liebevollen Pflege, auch die Wege vom Konstrukteur zum Forscher und zurück müssen wir beachten und einschätzen nach der Menge und dem Wert der beförderten Güter und nach der Fördergeschwindigkeit. Es ist sehr wichtig, zu erkennen, daß hier Möglichkeiten bestehen, die konstruktive Gesamtleistung zu heben, ohne die Zahl der Konstrukteure wesentlich zu vermehren oder ohne ihre Arbeitszeit zu verlängern. Der verpflichtende Ruf, der gerade jetzt an alle schöpferisch tätigen Ingenieure und damit besonders an die Konstrukteure ergeht, sollte eine stärkere persönliche Anteilnahme des einzelnen am Gesamtwerk, aber auch eine bessere persönliche *Wertung des einzelnen* zur Folge haben. Daran werden jene nicht vorübergehen dürfen, die eine bewußte Pflege der konstruktiven Begabung auf den Hochschulen anstreben. Gerade der heutige Hochschulbetrieb mit seiner starken (und zum Teil notwendigen) Unterteilung erschwert es ungemein, die Studierenden an *Zusammenfassen und Vergegenwärtigen*

[1] Vgl. C. Volk: Entwicklung von Triebwerksteilen. Dreißig Jahre konstruktiver Fortschritt. Z. VDI, Bd. 82 (1938) S. 1233/39.

zu gewöhnen und im konstruktiven Übungsbetrieb ist es kaum möglich, in den Studierenden ihren Entwürfen gegenüber jene Verantwortung wachzurufen, welcher die in der Praxis Schaffenden durch die nachfolgende Fertigung und Erprobung ihrer Konstruktionen unterworfen sind. So ist es jedem Kenner klar, daß mit Stoffplänen und Zeiteinteilung allein keine grundlegende Besserung zu erzielen ist. Die Pläne, an der Hochschule ein künftiges „Konstrukteurkorps" heranzuziehen, hängen von der Möglichkeit ab, unter den schaffenden Konstrukteuren der Praxis diesen Korpsgeist zu pflegen und später auch auf den Nachwuchs zu übertragen. Ein wesentlicher Teil der Konstrukteurerziehung wird daher erst nach der Hochschule einsetzen können, innerhalb der Werksgemeinschaft und darüber hinaus in größeren Studiengemeinschaften. Und für diese Konstrukteurerziehung wird man immer wieder nach neuen, besseren Unterrichtswegen und Unterrichtsmitteln suchen müssen.

Denn es kommt nicht nur darauf an, die Leistungsfähigkeit des einzelnen zu steigern, sondern auch möglichst lange zu erhalten und außerdem die einzelnen Kräfte so einzusetzen, daß die Gesamtleistung der Gefolgschaft einen Höchstwert erreicht[1].

Bevor ich näher auf die Wandlung eingehe, welche das konstruktive Schaffen in den letzten zwanzig Jahren erfahren hat, scheint es erforderlich, den Begriff „konstruktiver Fortschritt" genauer zu umreißen. Auf das gesamte Schaffen bezogen, kann man fast von einem täglichen Fortschritt sprechen. Jahraus, jahrein verlassen Tausende von Zeichnungen und Stücklisten die Konstruktionsabteilungen und tragen Neuerungen und Änderungen aller Art in die Werkstätten und Betriebe. Auf einzelne Maschinen oder Bauteile bezogen, vollzieht sich der Fortschritt natürlich in größeren Zeiträumen. Oft vergeht ein Jahrzehnt zwischen der ersten Ausführung und der ersten entscheidenden Wandlung. Den Anstoß dazu geben die in der Zwischenzeit erkannten Nachteile oder das Streben nach Vorteilen, die sich aus eigenen Forschungen, Erfahrungen oder Erfindungen ergeben oder die auf anderen Gebieten oder bei anderen Firmen eingetreten sind[2]. Die Vorteile und Nachteile beziehen sich auf den Werkstoff, auf die Fertigung oder auf die Erfüllung der Bauaufgabe (Betrieb, Wirkungsgrad, Lebensdauer usf.). So kann bei einer konstruktiven Änderung ein werkstofftechnischer, ein fertigungstechnischer, ein

[1] Bei dieser planmäßigen wissenschaftlichen Fortbildung der Konstrukteure nach dem Studium stehen wir erst am Anfang der Entwicklung. Sie kann erfolgen

1. durch geeignete Maßnahmen innerhalb der Firmen (namentlich in großen und mittelgroßen Werken).

2. durch besondere, auf das Bedürfnis des Konstrukteurs zugeschnittene Druckschriften, durch Auswertung des Schrifttums (vorbildlich die kritischen Schnellberichte des Fachausschusses für Schweißtechnik) und z. B. auf dem Gebiet neuer Werkstoffe durch Merkblätter der Werkstofferzeuger, die eingehend und sachlich die bei der Umstellung zu beachtenden Konstruktionsgrundsätze beleuchten.

3. durch Fortbildungsmaßnahmen außerhalb der Firmen (namentlich wichtig für Konstrukteure mittlerer und kleinerer Werke). Solche Maßnahmen sind:

a) Vorträge (mit Lichtbildern) vor großer Hörerzahl, ohne Gelegenheit zu ergänzender und vertiefender Aussprache.

b) Schaffung einer Zentralen Berichtstelle, die mit örtlichen Seminaren und Studiengemeinschaften zusammenarbeitet. Die Seminare sind beratende Körperschaften, die aus Forschern, maßgebenden Konstrukteuren und den mit der Leitung der Studiengemeinschaften betrauten Dozenten (in der Praxis tätige Ingenieure) bestehen.

Vorbilder: Konstrukteurberatung beim Institut für Landmaschinenbau, T. H. Berlin; Ausschuß für Konstruktive Lagerfragen der ADKI; manche Vortragsreihen des VDI; Ernennung von Sparstoffkommissaren und Umstellbeauftragten usf. (Vgl. C. Volk: Werkstoffumstellung und Konstrukteurerziehung. Z. Metallwirtschaft, Bd. 20, 1941, S. 1.)

[2] Mängelkartei, Statistik der Schadensfälle, Ermittlung der „schwachen Stellen" bei Geräten und Maschinen (Schwachstellenforschung) — aber auch Bewährungsstatistik!

betriebstechnischer Fortschritt erzielt werden. Wie der Chemiker nur an der Hand einer sorgfältigen Untersuchung (Analyse) die Zusammensetzung und die Eigenschaften eines Stoffes angeben kann, so muß auch der Konstrukteur die Bauaufgaben seiner Konstruktion, die angreifenden und widerstehenden Einflußgrößen feststellen, schätzen, messen, berechnen. Dazu müssen die Maschinen in ihre Teile, in die Maschinenteile, diese in die einzelnen Baukörper und die Baukörper in die Bauformen zerlegt werden.

Das Konstruieren erfordert Wissen und Können, Phantasie und Kritik. Es erfordert Analyse und Synthese, Sondern und Fügen, Zerlegen und Aufbauen. Es sind ganz wenig Grundformen, aus denen sich die Baukörper zusammensetzen. Trotzdem sind die Festigkeitsgesetze, Ausdehnungsgesetze, Abnutzungsgesetze, Genauigkeitsgesetze usf. für diese Grundformen und die daraus gebildeten zusammengesetzten Formen noch nicht völlig geklärt, so daß noch immer Gefühl, Mut und Glück ergänzend neben Erfahrung[1] und Versuch treten müssen. In der Fähigkeit des Konstrukteurs, die gleichzeitig auf ein Bauteil einwirkenden Einflüsse sich vorstellen, sich vergegenwärtigen zu können, in der Fähigkeit, aus einer Zeichnung die konstruktive Entwicklungsgeschichte einer Bauform, den Werdegang durch die Werkstätten, das Verhalten im Betrieb und bei Betriebsgefahr ablesen zu können, liegt ein Merkmal für die Berufseignung.

Den tausendfachen Aufgaben für das konstruktive Schaffen stehen nun Tausende und Abertausende von Konstrukteuren gegenüber — junge und alte, berühmte und werdende.

Das Arbeitsgebiet wird sich, wenn wir von den mehr zeichnerischen Aufgaben absehen, in drei große Gruppen teilen lassen, zwischen denen natürlich Übergänge bestehen.

Gruppe I: Bahnbrechende Erstkonstruktionen, die meist mit erfinderischer Tätigkeit, mit Forschung und Entwicklungsarbeit zusammenhängen.

Gruppe II: Erstkonstruktionen und wichtige Abänderungen bei Einzelteilen. Fortsetzung einer Entwicklungsreihe nach neuen Gedanken. Schaffen von Typen.

Gruppe III: Konstruktive Änderungen, für welche Vorbilder vorhanden sind und die vielfach von der Verbraucherseite her oder von den Werkstätten aus angeregt werden.

Zur zweiten Gruppe gehört ein großer Teil der Konstruktionen, die hier behandelt werden. Ausgangspunkt ist oft eine gute ältere Konstruktion; der Weg zur neuen, abgeänderten Ausführung wird an Hand von Skizzen geschildert. Dabei darf der Beschauer dieser Skizzen nicht von der späteren auf die frühere Konstruktion zurückblicken, sondern muß sich an den Anfang des Weges stellen und den vorwärts schreitenden Konstrukteur mitdenkend und mitfühlend vom Alten zum Neuen begleiten und dabei erkennen, wie viele Hirne und Hände von forschenden, leitenden, wirkenden und helfenden Kräften aller Art nötig waren, um das Neue konstruktionsreif zu machen.

Neu ist dabei nicht nur das Neue im Sinne des Patentgesetzes, sondern das für den betreffenden Konstrukteur oder für das betreffende Werk bei der eben vorliegenden Konstruktion Neue.

Soweit das Konstruieren überhaupt lehrbar ist, ist dieses Miterleben einer Entwicklung, einer konstruktiven Wandlung eines der besten Unterrichtsmittel. Dabei

[1] Erfahrungen verwerten heißt nicht, starr am Überkommenen festhalten. Auch für dieses Erbe gilt das Wort: „Erwirb es, um es zu besitzen“. Zu diesem Erbe gehört auch das überkommene Wissen. Aber „bei höchster Anerkennung des von der Wissenschaft Erreichten“ sollten wir nach Hugo Junkers „doch nicht vergessen, daß der Anteil menschlicher Wirksamkeit, der seine Wurzel im Gefühlsmäßigen hat, immer noch unerschöpflich groß ist“.

Richtlinien für die Beurteilung konstruktiver Maßnahmen.

A Werkstoffgerechte Konstruktion, konstruktionsgemäßer Werkstoff	B Werkstattgerechte Konstruktion, konstruktionsgemäße Herstellung	C Betriebsgerechte Konstruktion, konstruktionsgemäßer Betrieb
1. Anlieferungszustand. Gewicht, Preis des Werkstoffes. Lagerhaltung. Lieferzeiten.	1. Guß, Knetformung, Spanformung usw.	1. Beanspruchung, Kräfte, Widerstände, Formänderungen, Stör- und Schutzspannungen. Schutzformen
2. Werkstoffkosten, Werkstoffbeschaffung Einfuhr, Ausfuhr. Fremdstoffe, Umstellstoffe	2. Herstellungskosten, Lohnkosten	2. Geschwindigkeit, Beschleunigung, Anlassen, Abstellen, Regeln
3. Werkstoffverteilung, Wandstärkeneinfluß	3. Werkzeugkosten, Maschinenkosten	3. Reibung, Schmierung, Heißlauf
4. Festigkeit des angelieferten Werkstoffes. Festigkeit des geformten Werkstoffes (Siehe S. 99)	4. Herstellungszeit, Lieferfrist	4. Zulässige Abnutzung, Nachstellen, Nacharbeit, Fristen für Erneuerung, Verwertung der Altstoffe
5. Einfluß von Legierungsbestandteilen (Störstoffe, Schutzstoffe), Härten, Vergüten	5. Ausschußgefahr	5. Wirkungsgrad, Betriebserfahrungen, Störungen auf der Antrieb- oder Abtriebseite, Versuchsergebnisse
6. Bruchgefahr, Fließgefahr, Abnutzung	6. Lage und Größe der bearbeiteten Flächen, Bearbeitungseinflüsse, Oberflächengüte	6. Betriebskosten
7. Verhalten der Oberfläche gegen schädliche Einflüsse, Verwendung von Schutzschichten	7. Spannen und Messen, Vorrichtungen, Lehren	7. Zweckmäßigkeit, Übersichtlichkeit
8. Oberflächengüte des Werkstoffes (Laufeigenschaften usw.)	8. Toleranzen, Passungen, Austauschbarkeit, Form- und Lagegenauigkeit, Spiel	8. Wartung, Reinigung
9. Verhalten bei hohen und tiefen Temperaturen usw., Klimaeinflüsse, Wärmeleitfähigkeit, elektrische und magnetische Eigenschaften	9. Zusammenbau, Lagensicherung	9. Klarheit, Schönheit, Reife
10. Technologische Eigenschaften, Bearbeitbarkeit usw. Späne- und Altstoffverwertung	10. Verbindung der Baukörper (fest, lösbar, einstellbar)	10. Lebensdauer, Mittel zu ihrer Verlängerung

handelt es sich keineswegs um ein Verbessern von Fehlern! Überhaupt muß die so sehr beliebte Gegenüberstellung von „Falsch" und „Richtig" mit Vorsicht gebraucht werden. Was heute richtig ist, kann morgen falsch sein, falls der Werkstoff, sein Preis, seine Güte, der Lohn, die Zahl der Facharbeiter, die Fertigungseinrichtungen, die Lieferfristen sich ändern oder die patentrechtliche oder wirtschaftspolitische Lage besondere Maßnahmen erfordert.

Der Konstrukteur, der eine Abänderung vornehmen soll, muß die Zustandsgleichung der alten Ausführung aufstellen, ihre „Vorgeschichte", ihre Bewährung und Nichtbewährung bei der Fertigung, in Vertrieb und im Betrieb ermitteln und dann — Schritt für Schritt — die Vorteile und Nachteile der geplanten Änderung erwägen. Dabei muß er die auf seine Entschlüsse einwirkenden Bedingungen weitgehend unterteilen. Denn die zahlreichen Nebenbedingungen sind es, welche die konstruktive Leistung oft entscheidend beeinflussen (vgl. die Richtlinien auf S. 6). Dabei muß er auch die ältere Konstruktion als Ergebnis ähnlicher Überlegungen betrachten. Wenn es möglich wäre, an die konstruktive Tätigkeit einen gültigen Vergleichsmaßstab zu legen, könnte man vielleicht feststellen, daß die frühere Ausführung dem damaligen Stand der Technik gegenüber sogar die bessere Konstruktion darstellt. Durch bloßes Verbessern von Fehlern kann zwar eine fehlerlose, aber selten eine gute Konstruktion entstehen; es bleibt oft Flickwerk. Man muß im Gegenteil sehr sorgfältig den Vorzügen der älteren Ausführung nachspüren und diesen alten Vorzügen neue hinzufügen. Auch hüte man sich, allzuviele Ideen bei einer Konstruktion verwerten zu wollen. Ich habe dem Unterrichtsplan für eine technische Schule einmal das Leitwort vorangestellt: Nicht alles Gute bringen, aber Alles gut bringen! Das Wort gilt auch für den Konstrukteur: Einige wenige Konstruktionsgedanken klar herausstellen und zur letzten Reife entwickeln!

Der Übergang von einem Werkstoff zu einem andern, von einem älteren Fertigungsweg zu einem neuen, stellt an sich noch keinen konstruktiven Fortschritt dar, sondern nur eine, oft recht schwierige, konstruktive Tat.

Sofort aber setzt das Streben ein, auf Grund von Beobachtung, Erfahrung, Versuchen usf. alle Mängel zu beheben und durch Auswahl und Anpassung weitere Fortschritte zu erzielen.

Das Wort vom „Züchten", vom „Hochzüchten" einer Bauform kennzeichnet treffend die Bemühungen des Konstrukteurs, es weist aber gleichzeitig auf die Gefahr hin, daß mit der Züchtung nicht nur Vorteile, sondern auch Nachteile verbunden sein können.

Die vollendete Lösung, mitunter auf Umwegen und Irrwegen erreicht, umschließt Erdachtes und Erfühltes, in Kampf und Mühe Gefundenes, im Vorwärtsstürmen Erreichtes.

Mit anderen Worten sagt es Professor Radinger[1]:

„...und wo die Richtung des sicheren Weges unklar zu werden beginnt, wagt Einer den Sprung"... und „mißrät er dem Einen, so mag ein Andrer" ihn vollführen.

Und die Geschichte dieser Schritte und Sprünge ist die Technikgeschichte. Und wir wollen an sie auch jene Maßstäbe anlegen, die für die Weltgeschichte gelten.

Da ist zunächst die geschehene Geschichte, wie sie wirklich war, von der aber der einzelne nur einen Bruchteil weiß. Das ist für ihn die gewußte Geschichte. Also für unseren Fall: Wie wurde der erste Dieselmotor konstruiert? Die Kaplan-

[1] Aus Radingers grundlegender Arbeit über Dampfmaschinen mit hoher Kolbengeschwindigkeit. Wien, Verlag Gerold, 3. Aufl. 1892.

turbine? Das Föttingergetriebe? — Und wie sind diese Tatsachen auf uns gekommen? Damit sind wir bei der geschriebenen Geschichte — aber wer hat sie geschrieben? Der Konstrukteur selbst? Der Chronist? Der zu ingenieurmäßigem Denken befähigte Historiker oder der richtende Kritiker? So ist die geschriebene Geschichte meist keine wirkliche Geschichte! Dabei ist es mehr als fraglich, ob ein von der blinden Gerechtigkeit niedergeschriebener Tatsachenbericht Vergangenes vor uns lebendig machen kann. Denn auch die wahrste geschriebene Geschichte bleibt wertlos, wenn sie nicht in uns zur wirkenden Geschichte wird, wenn es nicht zum Verstehen und Mitschwingen kommt, das uns in Stunden des Suchens und Schwankens zur Entscheidung, zu Schritt und Sprung befähigt. In diesem Wissen um die konstruktive Vergangenheit, in diesem Wissen um das Ringen der großen Konstrukteure und der vielen getreuen Mitarbeiter liegen wertvolle Kräfte. Und es kommt darauf an, diesen wertvollen Kräften zur erstrebten Wirkung zu verhelfen! Nur dann wird die Geschichte zur erziehenden, emporhebenden, verpflichtenden Geschichte.

Die Geschichte des neuzeitlichen konstruktiven Schaffens wurde übrigens nicht geschrieben; sie ist in Skizzen und Zeichnungen niedergelegt und in Stoff geformt. Aber Form und Abmessung sind zwar die sichtbaren Ergebnisse des konstruktiven Schaffens, aber nicht das Ziel. Ziel ist das Lösen einer Bauaufgabe, das Beherrschen eines Vorganges. Wo unsere eigenen Kräfte versagen, wo unsere Sinne nicht mehr ausreichen, schaffen wir Werkzeuge, Maschinen, Arbeitskameraden. Sie leben unter uns, tragen unsere Lasten über die Länder und unsere Worte über das Weltmeer. Derselbe Drang, der den Urahn antrieb, den Pflug und das Joch zu bauen, er ist noch heute im Konstrukteur wirksam, er spornt ihn an, er befähigt ihn, immer neue und bessere, schönere und zweckmäßigere Werkzeuge zu ersinnen, zu gestalten, wachsen zu lassen, aus dem Boden um ihn, aus den Tiefen in ihm. Das Erbe der Vergangenheit behütend und verwertend, an der Seite der Mitarbeiter in der Gegenwart bauend und schaffend, Zukünftigem den Weg bereitend — so wird der Konstrukteur zum Träger des konstruktiven Fortschritts!

Entdecken – Erfinden – Konstruieren!

Um das Entstehen und die weiteren Entwicklungen einer neuen Konstruktion richtig beurteilen zu können, müssen wir uns klar sein

über die Tat des Entdeckers und Forschers,
über die Idee des Erfinders und
über das Werk des Konstrukteurs.

Der Entdecker entdeckt, enthüllt oder findet naturgegebene, von Ewigkeit her vorhandene Stoffe, Kräfte, Wirkungen, die bisher gar nicht, oder nicht in der „entdeckten" Form bekannt waren.

Der Forscher sucht nach den Zusammenhängen zwischen dem Neuen und dem bereits Erforschten. Durch Erkennen, Sondern, Messen gelingt ihm das Einreihen in die bestehende Ordnung, das Aufstellen von Gesetzen, von Sätzen und Regeln.

Der Erfinder geht fast immer von einer Entdeckung oder von einer Beobachtung oder von gegebenen Dingen aus und formt — zunächst in der Idee — etwas Neues[1].

---

[1] Die erfinderische Idee kann die Grundlage für eine Patenterteilung bilden. Rudolf Diesel sagt: „Unser Patentgesetz kennt im allgemeinen nur einen Ideenschutz, nicht aber einen Erfindungsschutz . . ." und bei Max Eyth lesen wir: „Zu einer Erfindung gehört schlechterdings die erfolgreiche Verwirklichung des Gedankens". Werner von Siemens schreibt: „. . . wenn der Schlüssel zu einer lange gesuchten mechanischen Kombination ge-

Die bereits vorliegenden Entdeckungen, Forschungsergebnisse, Erfindungen und Konstruktionen stellen den „Stand der Technik“ zur Zeit der Erfindung dar. (Vgl. S. 14.)

Der Konstrukteur hat die Aufgabe, die Idee des Erfinders zu verwirklichen und dadurch ein Werkstück, ein Gerät, eine Maschine zu schaffen und weiter zu entwickeln.

Oft werden alle vier Aufgaben von der gleichen Person erfüllt, oft setzt die Tätigkeit des Forschers erst nach der Gestaltung ein, oft ist eine ganze Generation von Konstrukteuren erforderlich, um die Idee eines Erfinders zur vollen technischen Auswirkung zu bringen, oft arbeiten Forscher, Versuchsingenieure und Konstrukteure gemeinsam in den Entwicklungsabteilungen der großen Werke an der gleichen Aufgabe. Es ist hier nicht der Platz, tiefer in diese Vorgänge einzudringen, die letzten Endes mit dem Wissen um den schöpferischen Drang im Menschen zusammenhängen, also mit einem Wissen, das noch Stückwerk ist.

Hier soll nur rein sachlich an einigen Beispielen der Zusammenhang zwischen Entdecken, Erfinden und Konstruieren gezeigt werden.

a) Bogenlampe für medizinische Zwecke („Thunsche Sonne“).

Erfindung und Konstruktion von Ingenieur Rudolph Thun[1], Leiter der Filmtechnischen Fakultät der Deutschen Filmakademie, Potsdam-Babelsberg.

Für Bestrahlungszwecke ist neben der Quecksilberdampflampe seit Jahren die Bogenlampe in Gebrauch. Als besonders störend wird es jedoch empfunden, daß von den frei brennenden Bogenlampenkohlen kleine Teilchen abspritzen können; auch das Zischen des Bogens bei Änderung seiner Länge wirkt störend.

Aus dieser Überlegung heraus entstand der Gedanke, einen Reflektor zu bauen, der den Lichtbogen möglichst ganz einschließt, und der so geformt ist, daß das ganze Licht durch eine verhältnismäßig kleine Öffnung gespiegelt wird.

In Bildreihe *R 1* Skizze *1* ist dieser Erfindungsgedanke erstmalig niedergelegt.

Die Kugelfläche *2* spiegelt das von dem Lichtbogen *1* ausgehende Licht in diesen zurück, so daß es auf die Kugelfläche *5* fällt. Die Kugelfläche *5* spiegelt alles auf sie fallende Licht, das mittelbar oder unmittelbar von dem Lichtbogen *1* kommt, in die Öffnung *3*.

Ingenieur Rudolph Thun schreibt mir dazu:

„Bei dieser ersten Entwurf-Skizze ist der Gang der Lichtstrahlen nur nach Schätzung eingezeichnet. Es wurde dann für verschiedene Höhen der wirkliche Gang der Lichtstrahlen berechnet und weitere Überlegungen über die Ausgestal-

---

funden ist, wenn das fehlende Glied einer Gedankenkette sich glücklich einfügt, so gewährt dies dem Erfinder das erhebende Gefühl eines errungenen geistigen Sieges . . .“. Dann setzt die Selbstkritik ein und erst wenn sie „einen gesunden Kern übrig gelassen hat, beginnt die regelrechte, (und oft) schwere Arbeit der Ausbildung und Durchführung der Erfindung und dann der Kampf für ihre Einführung . . .“.

Nach Kohler ist die Erfindung „wie die Entdeckung ein Erkennen; aber sie ist kein bloßes Erkennen, sondern eine Schöpfung, eine Produktion; sie enthüllt uns nicht bloß Schätze, die vorhanden sind, sie bereichert die Welt der irdischen (produzierten) Güter“.

Stets und immer ist aber „der Mensch allein der Schlüssel zum Verständnis der Leistung“.

[1] R. Thun ist unter anderem der Erfinder des Thunschen Zeitdehners und der Liniensteuerung beim Fernsehen. Im Zusammenhang mit den vorangehenden Ausführungen über das Erfinden sei namentlich auf die Veröffentlichung von R. Thun, Grundsätzliche Systeme der elektrischen Übertragung bewegter Bilder, Fernsehen, Bd. 1, 1930, S. 267 verwiesen. Sie enthält eine Systematik der möglichen Fernsehsysteme zu dem Zweck, noch unbekannte Systeme planmäßig auffinden zu können.

tung des Reflektors angestellt. Skizze *2* zeigt eine Figur aus der Patentzeichnung, die auf Grund der vorangehenden Studien entworfen wurde.

Bei allen Entwürfen war neben dem grundlegenden optischen Gedanken bereits mit Rücksicht auf die Fertigung eine weitere Forderung erfüllt, nämlich die, daß die beiden Spiegelflächen genau gleiche Form haben, um sie in der gleichen Weise herstellen zu können."

Skizze *3* gibt einen Ausschnitt aus der ersten Konstruktionszeichnung wieder.

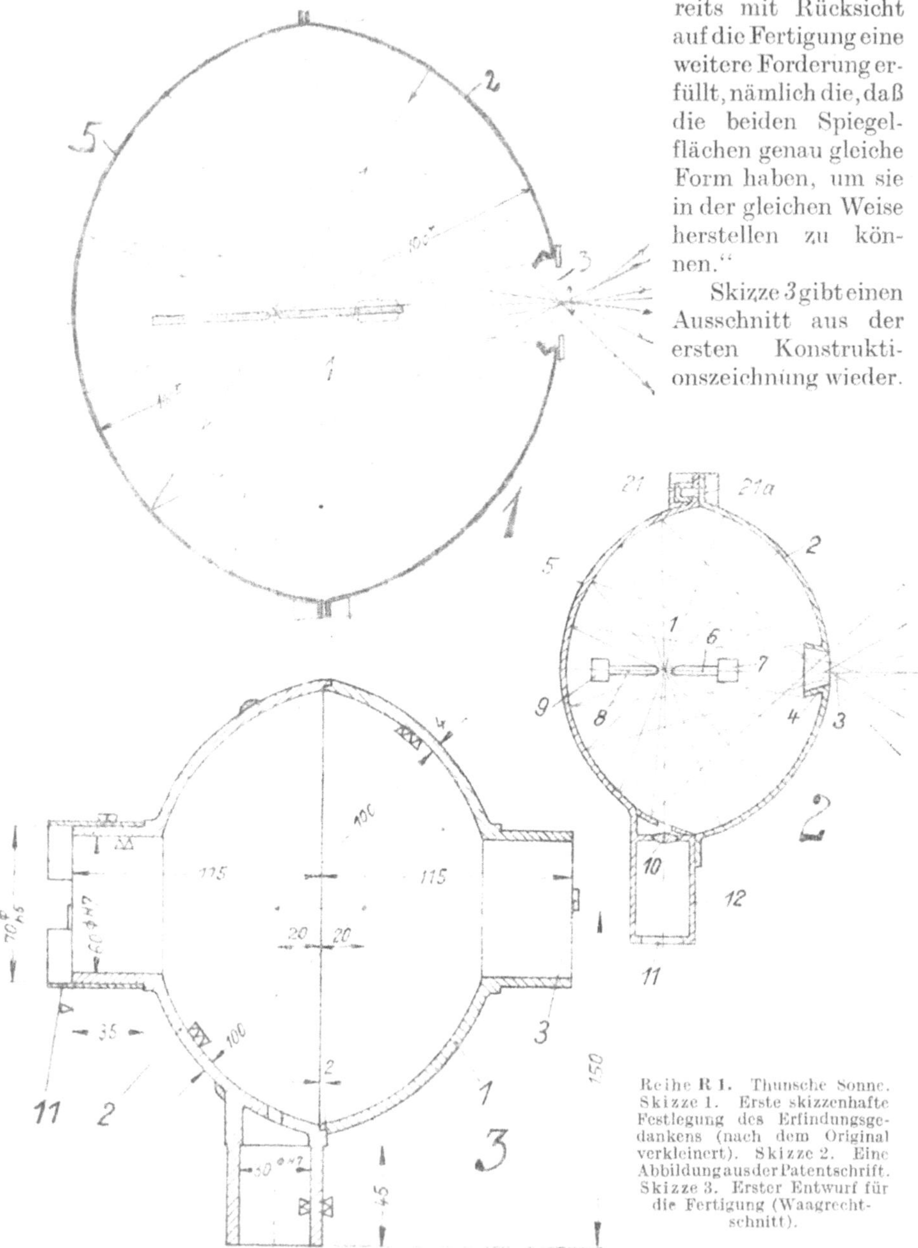

Reihe **R 1**. Thunsche Sonne. Skizze 1. Erste skizzenhafte Festlegung des Erfindungsgedankens (nach dem Original verkleinert). Skizze 2. Eine Abbildung aus der Patentschrift. Skizze 3. Erster Entwurf für die Fertigung (Waagrechtschnitt).

Der Reflektor besteht aus einer vorderen und rückwärtigen Kapsel aus Guß-Magnalium, die Lichtaustrittsöffnung und eine Öffnung zur Aufnahme des Kohlenhalters besitzen genau die gleichen Maße, um die Herstellung weiter zu vereinfachen. Der seitliche Ansatz dient zur Befestigung des ganzen Reflektors an einem Ständer und nimmt gleichzeitig eine kleine Projektionseinrichtung zur Kontrolle der Lichtbogenlage auf. Ein in Skizze *3* nicht angegebener Verschlußbügel verbindet die beiden Kapseln. In Skizze *1* und *2* war bei 3 ein Schutzring vorgesehen, der bei geneigter Lampe verhindern sollte, daß abgespritzte Kohlenteilchen am Reflektor entlang rollen und aus der Öffnung fallen. Bei der endgültigen Ausführung nach Skizze *3* ist die innere Spiegelfläche eine Kugelfläche ohne Vorsprünge, so daß sie leicht hergestellt werden kann. Etwa erforderliche zusätzliche Teile (z. B. ein Schutzring oder ein Innenspiegel, der den Winkel des ausfallenden Strahlenkegels verkleinert) können in den rechten Ansatz eingeschoben werden.

„Die ganze Konstruktion geht ursprünglich von Betriebserfahrungen mit Bogenlampen aus. Aus diesen Betriebserfahrungen und optischen Kenntnissen wurde der Grundgedanke des umhüllenden Kugelspiegels geboren, der später bei der Berücksichtigung der Herstellungsmöglichkeiten einige Ergänzungen erfuhr.

Mit Rücksicht auf die Herstellungskosten wurde später eine Ausführung gewählt, bei der die Kugelhälften aus Blech gepreßt werden. Die ersten Versuchsmodelle bestätigten die gemachten Annahmen, doch erforderte die Schattenbildung der Kohlehalter eine Vergrößerung der Abmessungen des Spiegels, da die Kohlehalter nicht verkleinert werden konnten.

Durch die Versuche wurde die Entwicklung neuer Bauarten der Bogenlampe ausgelöst, welche bei einfacher Bedienung möglichst lange Lichtbogen ergeben. Es konnte schließlich erreicht werden, daß bei gegebener Stromstärke in einem Lichtbogen ebensoviel elektrische Arbeit umgesetzt wird, als bei den üblichen Ausführungen mit zwei in Reihe geschalteten Lichtbögen".

b) Dreipoliger Trennschalter mit kittlosen Stützern.

(Siemens-Schuckertwerke A.-G., Berlin-Siemensstadt.)

Der neue Trennschalter wurde von Dr.-Ing. F. Kesselring, Direktor des Schaltwerkes, erfunden.

Reihe *R 2*, Skizze *1* zeigt den älteren Trennschalter mit aufgekitteten Metallfassungen M_1 und M_2 und ziemlich hohen federnden Kontakten K. Diese Ausführung hat sich durchaus bewährt, bedingt aber Bauformen, die in Breite, Länge und Höhe viel Raum einnehmen. Einem Brief von Dr.-Ing. F. Kesselring entnehme ich die folgenden Sätze:

„Die Neukonstruktion ist auf Grund ganz systematischer Überlegungen, welche ich unter dem Namen ‚das Prinzip des minimalen Raumbedarfs' zusammengefaßt habe, entstanden. Für Hochspannungsgeräte sind vom VDE die sog. Schlagweiten, das sind Abstände spannungsführender Teile nach Erde und gegeneinander, festgelegt worden. Bei z. B. 10 kV beträgt dieses Maß $a = 125$ mm. Wird ein Gerät in eine Schaltanlage eingebaut, so müssen von seinen spannungsführenden Teilen (und zwar sowohl im ein- als im ausgeschalteten Zustand) wiederum die Abstände a nach den Zellenwänden usw. eingehalten werden. Wenn es gelingt, diesen so definierten Raumbedarf zu verringern, so erkennt man unmittelbar, daß dabei auch die Gebäudekosten etwa in dem gleichen Maß zurückgehen werden. Darüber hinaus hat aber eine statistische Untersuchung gezeigt, daß der Gestehungspreis des Schalters auch annähernd linear mit dem Raumbedarf zurückgeht, so daß es auch aus wirtschaftlichen Überlegungen des Gerätebauers richtig erscheint, den Raumbedarf möglichst klein zu gestalten, insbesondere da damit immer auch eine Verringerung der Werkstoffmenge erzielt werden kann. Es ergibt sich daraus die Forderung, die Teile eines elektrischen Hochspannungsgerätes gegenseitig so anzuordnen, daß der Raumbedarf ein Minimum wird."

Es mußte also ein Stützer mit verringerter Gesamthöhe erfunden werden. Die konstruktive Ausführung dieses Erfindungsgedankens zeigt Skizze *2*, Reihe *R 2*. Die Armaturen M_1 und M_2 sind in das Innere des Isolators verlegt und bestehen

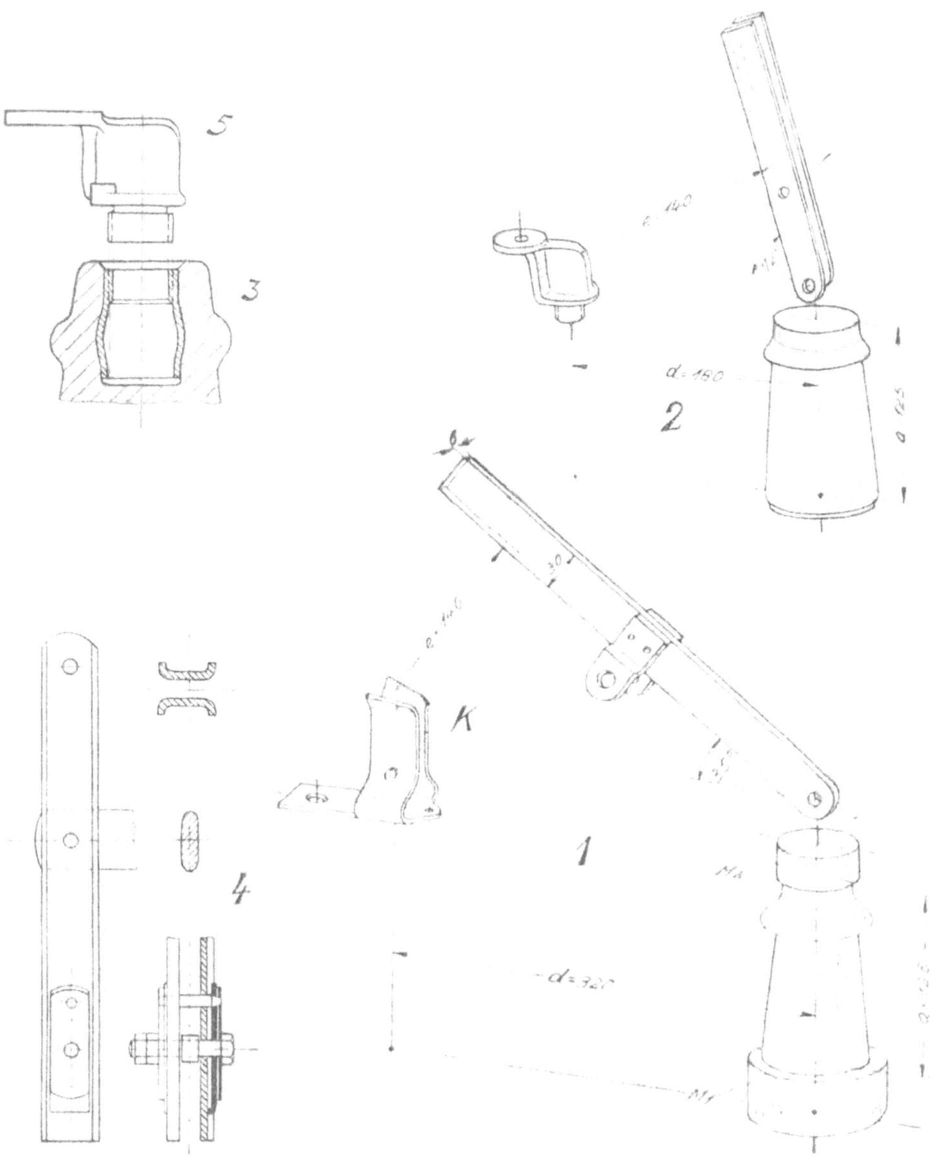

Reihe R 2. Trennschalter. Skizze 1. Trennschalter (10 kV, 600 A), ältere Ausführung. K = Kontaktstück. M_1 und M_2 = außenliegende, aufgekittete Metallteile (Armaturen). Skizze 2. Neuer Trennschalter. Kittlose Stützisolatoren mit nach besonderem Verfahren kalt eingepreßten Eisenrohren (Skizze 3); Kontaktmesser nach Sk. 4; Kontakte und Messerdrehpunkte nach Sk. 5.

aus dünnen Eisenrohren, die nach einem besonderen Verfahren kalt eingepreßt werden (Skizze *3*). Dadurch wird bedeutend an Höhe, Metall und Gewicht gespart und außerdem eine größere Unempfindlichkeit gegen Temperaturschwankungen erzielt.

„Von besonderer Bedeutung ist nun die Frage, wie lang das Messer und wie groß der Öffnungswinkel zu wählen sind, damit der Raumbedarf ein Minimum wird. Sämtliche Firmen, die Trennschalter bauen, haben bisher Öffnungswinkel von 30° bis höchstens 60° gewählt. Da das Öffnungsmaß vorgeschrieben ist (bei 10 kV und 600 A mit $e = 140$ mm), war dadurch der Abstand d zweier Stützer einer Phase bestimmt. Dieser Abstand ist bei allen bekannten Konstruktionen dadurch wesentlich größer geworden als das Maß a."

Der Vergleich der Skizzen *1* und *2* zeigt, daß sich bei dem kittlosen Stützer durch Vergrößern des Öffnungswinkels von 35° auf 72° der Stützerabstand von 320 mm auf 180 mm verringern läßt. Verringert man noch die Höhe der Kontakte, so sinkt der gesamte Raumbedarf für einen dreipoligen Trennschalter dieser Reihe von 0,42 m^3 auf 0,28 m^3, also auf $^2/_3$ des früheren Wertes!

Es sei noch erwähnt, daß infolge der kleineren Messerlängen und der geringeren Hebellängen auch die Maße des zugehörigen Druckluftantriebes wesentlich verringert werden können.

Die ältere Ausführung hat ein einteiliges Messer und aus zwei Zungen gebildete Kontakte K, die verhältnismäßig hoch sein müssen, um die erforderliche Federung zu erzielen. Wendet man den Grundsatz der Vertauschung an, so erhält man ein Messer mit zwei federnden Schienen (Skizze *4*) und einen Kontakt nach Skizze *5*. Die Messerschienen sind]-förmig gebogen, wodurch sie biegesteif werden. Die U-form erleichtert auch den Einbau der aus Skizze *4* ersichtlichen Federung. Diese Änderungen an den Kontakten waren zunächst aus konstruktiven und fertigungstechnischen Gründen erforderlich. Es konnten aber gleichzeitig zwei Erfindungen verwirklicht werden. Da sich zwei stromdurchflossene, parallelliegende Leiter anziehen, wird durch die neue Konstruktion des Messers der Kontaktdruck selbsttätig erhöht. Ferner ist der neue Kontakt (Skizze *5*) so gebaut, daß die Stromzuleitung höher liegt als das Schaltmesser. Dadurch entsteht (im Gegensatz zu Skizze *1*) bei Stromdurchgang eine nach unten gekröpfte Stromschleife und (namentlich bei Kurzschluß) eine nach unten wirkende Kraft, die ein unbeabsichtigtes Öffnen bei Kurzschluß, das man bei den Schaltern nach Skizze *1* durch besondere Verrieglung verhindern muß, unmöglich macht.

Das mehrfach erwähnte Maß a für die Schlagweite ist ein beobachteter, durch Erfahrung und Forschung bestätigter Wert. Er steht in Zusammenhang mit der Entdeckung, daß gewisse Stoffe leitend, andere isolierend wirken. Auch bei den erfinderischen Abänderungen, welche die Kontakte und das Messer erfahren haben, werden naturgegebene und erkannte Eigenschaften stromdurchflossener Leiter, also Entdeckungen verwertet. Aus dem Zusammenwirken des Erfinders, der Konstrukteure und ihrer Mitarbeiter entsteht der neue, verbesserte Trennschalter, entsteht der konstruktive Fortschritt[1].

c) Die Schraubenrillenscheibe.[2]

Eine Erfindung von Diplom-Ingenieur Otto Ohnesorge, Bochum.

Aus dem Schreiben des Verfassers an Dipl.-Ing. Ohnesorge:

„...Um die Erfindung der Schraubenrillenscheibe (Schuhkettenscheibe) und ihre konstruktive Entwicklung verfolgen zu können, möchte ich vom „Stand

[1] Einen fesselnden Einblick in diese Zusammenarbeit innerhalb eines großen Werkes gibt Direktor Dr.-Ing. Fritz Kesselring in dem Bericht „Zehn Jahre Expansionsschalter" in der elektrotechnischen Zeitschrift (61. Jg. 1940, S. 509/515). Vgl. auch Fritz Kesselring, Konstruieren und Konstrukteur. Z. VDI, Bd. 81 (1937) S. 365.

[2] Vgl. „Schraubrill", Die Geschichte einer Erfindung. Eine technische Schöpfung in ihren Beziehungen sachlicher, rechtlicher und menschlicher Art und in ihrem Verhältnis

der Technik“ zur Zeit der Erfindung (1928) ausgehen und dabei (ganz abgesehen von der Patentlage), unter dem Stand der Technik alles Wissen, alle Erfahrung, alles Erleben zusammenfassen, dessen sich der Erfinder vor der erfinderischen Tat bewußt ist. Die erfinderische Idee ruht noch im Unbewußten! Für die Erfindung der Schuhkette ist ausschlaggebend, daß Sie sich seit 1912 mit der Treibscheibe beschäftigt haben, daß nach Ihren Patenten der Antrieb für die Seilbahn

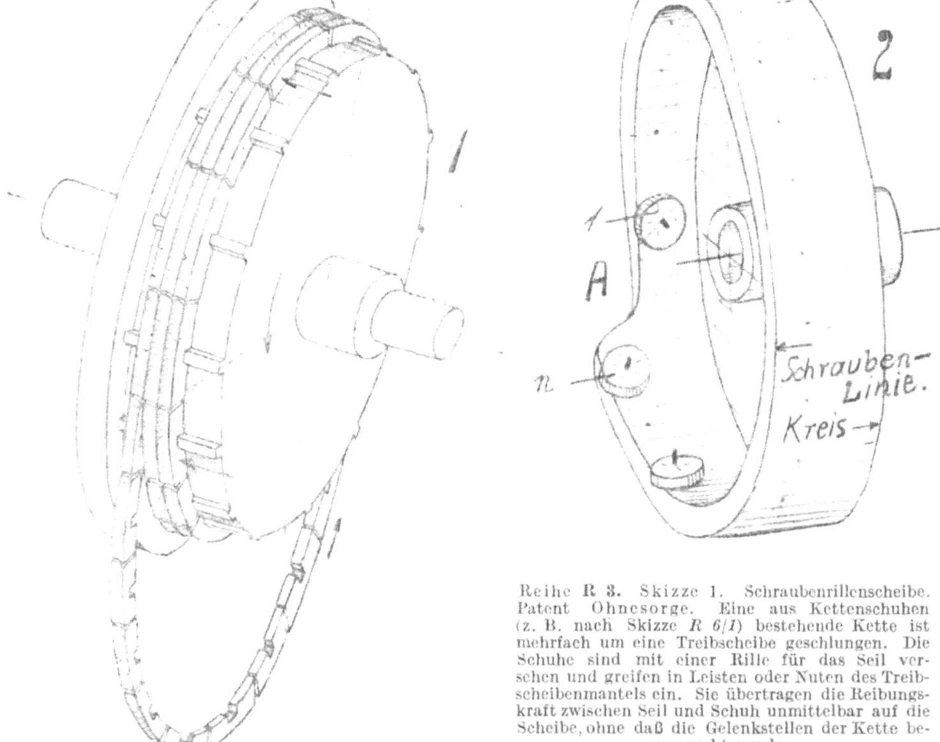

Reihe **R 3.** Skizze 1. Schraubenrillenscheibe. Patent Ohnesorge. Eine aus Kettenschuhen (z. B. nach Skizze *R 6/1*) bestehende Kette ist mehrfach um eine Treibscheibe geschlungen. Die Schuhe sind mit einer Rille für das Seil versehen und greifen in Leisten oder Nuten des Treibscheibenmantels ein. Sie übertragen die Reibungskraft zwischen Seil und Schuh unmittelbar auf die Scheibe, ohne daß die Gelenkstellen der Kette beansprucht werden.

Bei der angenommenen Drehrichtung drängt die nach einer Schraubenlinie um die Scheibe gelegte Kette nach rechts. Sie muß durch einen dauernd in der Achsrichtung wirkenden Druck gezwungen werden, in ihrer Lage zu verharren. Die konstruktive Ausführung der „Verdränger“ zeigen die Skizzen *R 3/2*, *R 7* u. *R 8*.

Skizze 2. Verdränger, Bauart Hasenclever, Düsseldorf. Die Scheibe, welche die Verdrängerrollen trägt, ist über die Welle geschoben, aber am Drehen gehindert. Rolle *1* legt sich gegen die bei *A* einlaufende Kette. Einzelheiten auf Skizze *R 8*.

auf den Erzberg (Steiermark) und der Antrieb der österreichischen Zugspitzenbahn gebaut wurde und seither Hunderte von ähnlichen Anlagen in Betrieb gekommen sind. Dabei handelte es sich um einen Mehrscheibenantrieb mit mechanischem Ausgleichgetriebe. Durch den Ausgleich werden nachteilige Unterschiede im Seillauf, die namentlich auf Unterschieden im wirksamen Scheiben-

---

zur Kunstschöpfung. Von Otto Ohnesorge, Bochum. 1937. R. Heublein, Leipzig, 1937. Ferner O. Ohnesorge, Erfindungsphilosophische und patentrechtliche Auswertung des Buches „Kleine Chronik der Mannesmannröhrenwerke“. Gewerbl. Rechtsschutz, Nov./Dez. 1940.

durchmesser und auf elastischen Seildehnungen (Dehnungsschlupf) beruhen, aufgehoben (Skizzen *R 4/1* u. *2*; vgl. auch den Abschn. „Helfende Reibung“ S. 94).

Durch den erwähnten Mehrscheibenantrieb war das Problem für Seilbahnen gelöst. Es bestand aber bei Ihnen der lebhafte Drang, auch einen neuen Einscheibenantrieb mit mehrfacher Seilumschlingung zu schaffen. So entstand im Jahre 1928 das Patent Nr. 471 555, das von Ihnen selbst als ‚merkwürdiger Irrweg‘ bezeichnet wird, das aber doch zur Schuhkettenscheibe (später Schraubenrillenscheibe genannt) führen sollte. Das Patent 471 555 betrifft eine Schraubentrommel mit Wanderseil, deren zylindrischer Mantel während des Lasthebens in einen Kegelmantel verwandelt werden kann, so daß das gespannte, dünner und länger gewordene Seil auf einem größeren Umfang aufläuft und das „Verlaufen“ des Seiles verhindert wird. Hier setzt nun ein Vorschlag Ihres Mitarbeiters (W. Heusner) ein, den Trommeldurchmesser dadurch zu vergrößern, daß man eine als Seilauflage dienende Kette einlaufen und nach Zurücklegung eines bestimmten Weges wieder ablaufen läßt. In dieser Form und für die geplante Schraubentrommel war der Gedanke nicht brauchbar, er war aber für Sie der „göttliche Funke“, unter dessen Wirkung nun eine ganz andere Erfindung über die „Bewußtseinsschwelle“ trat.

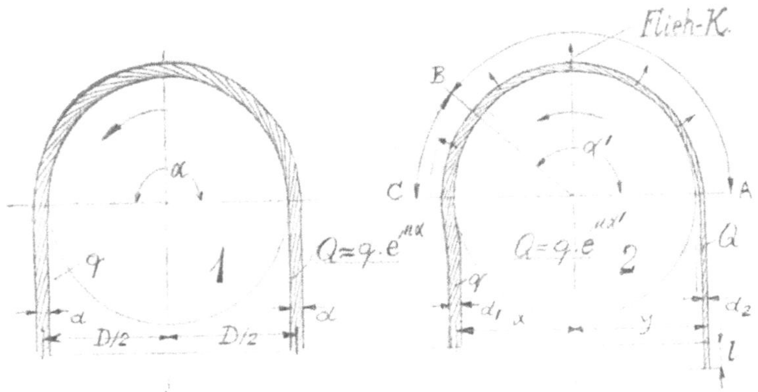

Reihe R 4. Skizze 1. Seilreibung, näherungsweise, ohne Berücksichtigung der wirklichen Verhältnisse. Skizze 2. Seilreibung unter Berücksichtigung der Seildehnung und Seilsteifigkeit, Einflüsse übertrieben dargestellt. AB = Gleitbogen, Gleitrichtung von B nach A; BC = Haftbogen (kein Gleiten durch Dehnung). Elastische Dehnung l für 1 m Seil bei Seilbelastung von 30 kg/mm² nach Versuchen ≈ 5 mm.

Sie hatten oft über die Vor- und Nachteile der seit Jahrhunderten bekannten Spillscheibe (Skizze *1* u. *2*, *R 5*) nachgedacht. Nachteilig ist namentlich die starke Abnutzung von Seil und Scheibe und die ungleichmäßige Seilgeschwindigkeit, die mit dem Gleiten in Richtung des Seilzuges und senkrecht dazu zusammenhängt. Aber nun war die Geburtsstunde der

Schuhkettenscheibe

gekommen und damit war ein einwandfreier Einscheibenantrieb mit mehrfacher Seilumschlingung und geschmiertem Seil in halbrunder Rille möglich geworden (siehe Skizze *R 3/1*).

Wesentlich anders verläuft die Konstruktion des „Verdrängers“, der schon bei den aus der Spillscheibe entstandenen Einziehscheiben der Drahtseilspinnmaschinen durch ein Abstreichmesser *V* (Skizze *R 5/2*) oder durch einen kurzen „Verdrängerkeil“ verwirklicht war. Hier handelt es sich nicht um ein plötzliches Finden, sondern um ein Suchen, Ändern, Entwickeln, um „gerichtetes Probieren“, um ein **Konstruieren** unter Verwertung erfinderischer Ideen, um ein jahrelanges **Züchten** und **Hochzüchten** von zweckmäßigen und teilweise neuen Bauformen auf Grund

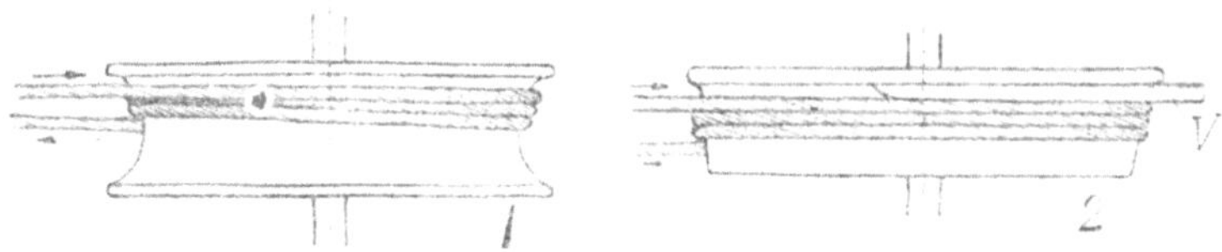

Reihe **R 5.** Skizze 1. Spillscheibe. Skizze 2. Seiltrommel einer Drahtseilspinnmaschine mit Abstreichmesser *V* (Leitkeil, Verdränger), das die Querverschiebung des Seilwickels bewirkt.

der immer klarer erkannten Bauaufgabe. Ich bin mir nicht sicher, ob ich diese einzelnen Schritte jetzt nachträglich richtig aufführe. Es kommt mir dabei (der Bestimmung des „Skizzenbuches“ entsprechend) auf die **konstruktive Wandlung der Einzelteile**, namentlich der Kettenschuhe und der Verdränger an, und auf **wiederholt zur praktischen Ausführung gekommene Konstruktionen**, die ja mitunter von den zugehörigen Patentzeichnungen abweichen.

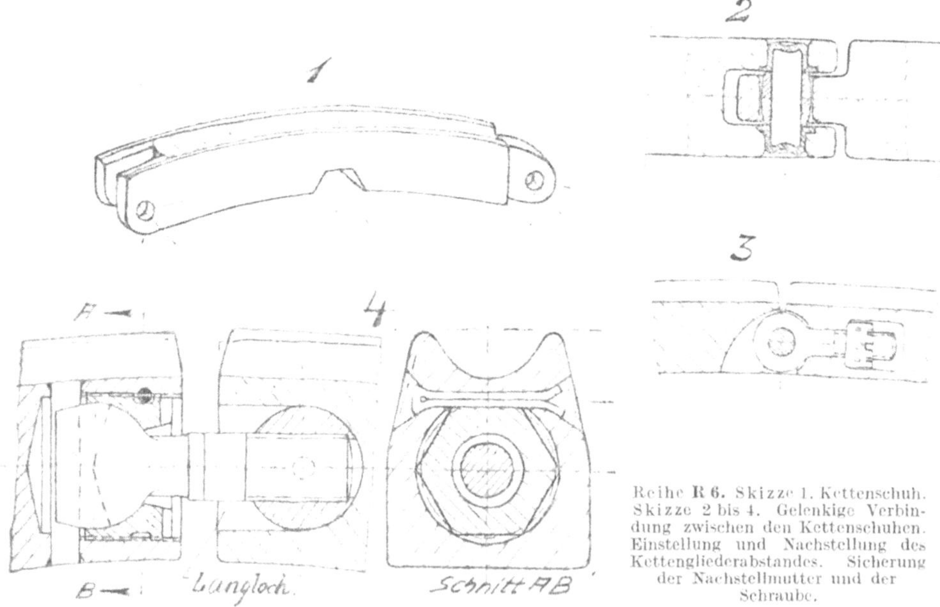

Reihe **R 6.** Skizze 1. Kettenschuh. Skizze 2 bis 4. Gelenkige Verbindung zwischen den Kettenschuhen. Einstellung und Nachstellung des Kettengliederabstandes. Sicherung der Nachstellmutter und der Schraube.

Ich habe nach Ihrem Buch ‚Schraubrill‘ und nach Ihren zahlreichen Veröffentlichungen die Skizzen Reihe *R 3* bis *R 8* angefertigt und bitte dazu um einige Ergänzungen.“

Aus dem Schreiben von Dipl.-Ing. Ohnesorge an den Verfasser:

In der Patentschrift 491 646 (patentiert vom 6. März 1928 ab) ist schon auf die Verwindung der Kettenglieder während des Weges von der Ablauf- zur Anlaufstelle hingewiesen[1], ferner erwähnt, daß die Reibung zwischen den Kettengliedern

[1] Im Hauptpatent wird die Schuhkette durch Umlenkscheiben geführt. Das Zusatzpatent 519 863 (vom 30. Okt. 1928) bringt eine für den Bau meiner Schuhkettenscheiben entscheidende Weiterbildung: die Umlenkscheiben werden beseitigt, die Schuhkette gelangt in einer **freihängenden** Umführungsschleife, die ihre Form durch Gewichtswirkung und Fliehkraft erhält,

und dem Verdränger durch Zwischenschalten von Rollen oder Wälzkörpern vermindert werden kann. Nach diesen beiden Richtungen hin setzt nun in den nächsten Jahren eine zweckbewußte Gestaltung ein.

Der erste Schritt bestand in Auswertung der Erkenntnis, daß wohl die Reibung des Schuhkettenwickels gegenüber dem Scheibenumfang technisch zu beherrschen sei, dagegen nicht ohne weiteres die gegenüber dem die ständige Mittellage des Seiles verbürgenden seitlichen Verdrängerschraubengang. Es geschah dies (nach einem Zusatzpatent vom 11. März 1928) durch Einschaltung von Wälzkörpern, wobei diese durch einen Kettenring mit radial stehenden Bolzen zusammengefaßt wurden, der die beim Übergang vom Ende des Schraubengangs zum Anfang nötige Schlängelung (vgl. die Stelle *A* bei Skizze *R 3/2*) gewährleistet. Diese Rollenketten (z. B. nach Skizze *R 7/1*) sind für kleinere und mittlere, vornehmlich für in gleicher Richtung laufende Antriebe (wie Streckenförderungen und Drahtseilbahnen) lange Zeit beibehalten worden.

Ein Zusatzpatent aus dem Jahre 1935 handelt von der Herstellung, Einstellbarkeit bzw. Nachstellbarkeit der schraubenförmigen Laufbahn für diesen Verdrängerrollenkettenring.

Dieser Gedanke der Verdrängung durch einen umlaufenden Rollenkranz erfuhr nun eine Parallelausbildung in Gestalt des Patentes 610 967 vom Jahre 1933 mit festen Verdrängerrollen, eine Form, die (ex post gesehen) nach der grundsätzlichen Erkenntnis als die nächstliegende anzusehen gewesen sein würde. (Die Firma Hasenclever hat diesen Gedanken in der Ihnen bereits übersandten Zeichnung verwirklicht. Vgl. die Skizzen *R 3/2* und *R 8*.) Dabei hat es sich bisher als unnötig erwiesen, die Einstellbarkeit der festen Rollenzapfen nach einem Zusatzpatent auf Grund ihrer exzentrischen Ausbildung zu benutzen, die das Gegenstück zu der eben behandelten Einstellbarkeit der Verdrängerlaufbahn darstellte.

Neben diesen Formen mit losem Verdrängerrollenkettenring bzw. festem Verdrängerrollenkranz führt ein weiterer Schritt zu dem Gedanken, die großen seitlichen Verdrängerkörper mit ihrem der Treibscheibe entsprechenden Durchmesser zu vermeiden. Die Skizze *R 7/3* zeigt eine Anordnung mit Verdrängerhebeln, die durch eine am Maschinengestell befestigte Kurvenscheibe gesteuert werden. Die Scheibe stellt ein verkleinertes Abbild des ursprünglichen Verdrängerschraubengangs dar. Diese Anordnung ist auch praktisch verwirklicht worden, ist aber wieder verlassen, nicht deshalb, weil sie minderwertig war, sondern weil auch hier wieder einmal das Bessere der Feind des Guten war.

Schon in der gleichen Patentschrift war nämlich der Gedanke angeschnitten, den Schuhkettenwickel nicht mehr durch Druck gegen eine seiner Seitenflächen zu verdrängen, sondern gewissermaßen von innen her mit Hilfe einer auf der Innenleibung der Kettenschuhe angebrachten Verzahnung zu verschieben. Dieser Gedanke erhielt nun wieder eine merkwürdige Wandlung durch ein weiteres Zusatzpatent, das nach Skizze *R 7/2* zur Verdrängung eine in die Kettenschuhe eingreifende S c h n e c k e einführt, die wohl a l s e i n M a r k s t e i n in der baulichen Entwicklung angesehen werden darf und die jedenfalls für große, schnellaufende Scheiben die Grundlage für die Beseitigung der festen seitlichen Verdrängerschraubengänge geworden ist[1].

---

vom Ablauf zum Anlauf (vgl. Skizze R *3/1*). Auch sei auf den im Zusatzpatent 549 170 vom 7. Sept. 1930 erschienenen, beim ersten Auftreten paradoxen Gedanken verwiesen, z w e i o d e r m e h r e r e Parallelseile über e i n e n gemeinsamen Schuhkettenwickel laufen zu lassen. Dieser Gedanke war für die neueste Entwicklung der Parallelseiltriebe bestimmend (vgl. „Der Bergbau" Nr. 21, 10. 10. 1940).

[1] Nach deren Beseitigung lassen sich jetzt Zahnräder oder Bremskränze unmittelbar neben der Schuhkettenscheibe anordnen, ein beachtlicher konstruktiver Fortschritt.

Zur Bewegung der Schnecken lagen drei Patentansprüche vor (durch Kegelräder, Stirnräder und durch ein Parallelkurbelgetriebe), von denen sich aber nur der Kurbeltrieb in der Praxis durchgesetzt hat. In Skizze *R 7/2* sind die Kurbeln und eine außermittig zur Trommelwelle liegende Steuerscheibe *E* angedeutet.

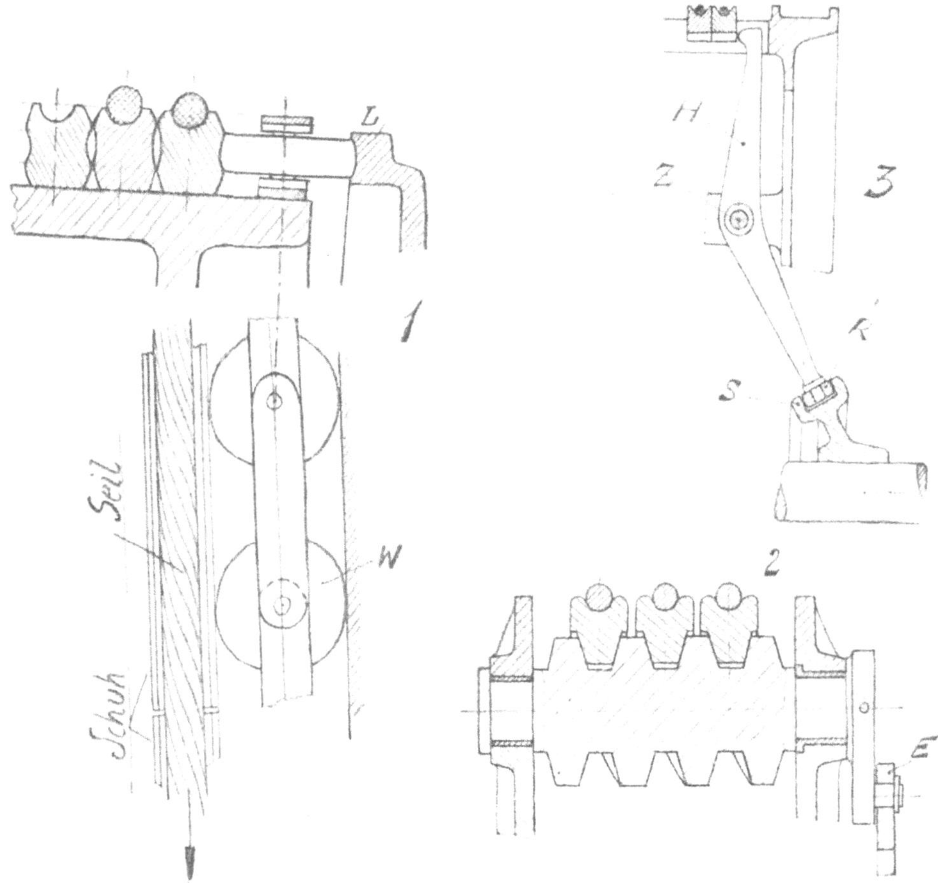

Reihe R 7. Skizze 1. Die Verdrängung des Schuhkettenwickels erfolgt durch einen Wälzkörper-Kettenring *W*, der sich gegen die feststehende (oder nachstellbare) Laufbahn *L* abstützt. Die Laufbahn ist so gestaltet, daß die Rollen der einlaufenden Schuhkette (vgl. die Stelle *A* bei *R 3/2*) ausweichen können. — Skizze 2. Verdrängerschnecke mit Kurbeltrieb. — Skizze 3. Verdrängung durch doppelarmige Hebel *H*. Der Drehzapfen *Z* ist in der Trommel gelagert, die Rolle *R* wird in einer Nut geführt. Die Scheibe *S* ist über die Welle geschoben, aber am Mitdrehen gehindert, die Nut ist ein Schraubengang mit „Weiche“, welche ein Abheben der Hebel vor der einlaufenden Schuhkette ermöglicht.

Da Sie auch Wert auf die bauliche Durchbildung der Kettenglieder legen, so möchte ich bemerken, daß schon von vornherein das raumbewegliche und nachstellbare Kettengelenk eine Rolle gespielt hat (vgl. z. B. *R 6/1* nach dem Patent 512 451 vom Jahre 1928). Bei dem Kurzschluß des um die Scheibe schraubenförmig gewundenen Schuhkettenwickels durch die freihängende, verschränkt dazu laufende Umführungsschleife müssen über die normale Gelenkigkeit hinaus noch weitere Bedingungen erfüllt werden, nämlich die einer gewissen seitlichen Abbiegung an den Ablauf- und Auflaufstellen aus der Ebene der Umführungsschleife heraus in Verbindung mit einer gewissen Verwindung der einzelnen

Kettenschuhe gegeneinander. Auf der anderen Seite war auch ein gewisses Einlaufen der Leibung der Kettenschuhe auf dem Trommelmantel, unter Umständen sogar ein gewisser Verschleiß an dieser Stelle und damit eine (relative) Kettenlängung ins Auge zu fassen.

Dieser Forderung wurde nun gemäß der Schuh- bzw. Gelenkausbildung nach Skizze *R 6/2* u. *3* Rechnung getragen, indem das als Scharnier ausgebildete Gelenk mit dem nötigen Spiel unter Zwischenschaltung einer balligen Büchse ausgestattet

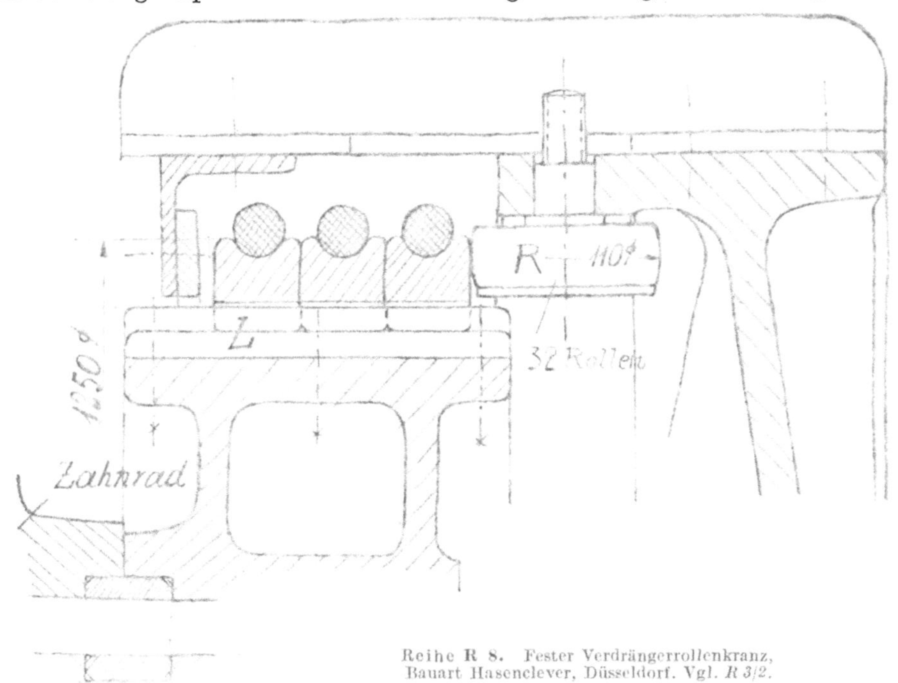

Reihe R 8. Fester Verdrängerrollenkranz, Bauart Hasenclever, Düsseldorf. Vgl. *R 3/2*.

wurde, während die Nachstellung durch Auswechseln gegen stärkere Büchsen erzielt wurde, womit eine praktisch durchaus befriedigende Lösung gegeben war.

Für höhere Ansprüche wurde dagegen gerade in neuester Zeit eine der Skizze *R 6/4* entsprechende Ausführung gewählt, die in kinematisch und auch praktisch einwandfreier Form die Bedingungen der Raumgelenkigkeit, der Verdrehungsmöglichkeit und der Nachstellbarkeit vereinigt. Auch diese Form hat sich inzwischen schon in der Praxis bewährt und darf für größere Ausführungen als bleibende Grundlage angesehen werden. Jedenfalls ist sie ein Beweis dafür, daß auch solche grundsätzlichen Gedanken in liebevollster Weise im einzelnen durchgebildet werden müssen und andererseits sich auch diese Gestaltung nicht etwa „zwangläufig" abspielt, denn es bestehen zahlreiche Zwischenformen zwischen der Urform nach Patent 512 451 und dieser eben beschriebenen Endform, an deren Ausgestaltung sich die Konstrukteure der verschiedensten Herstellerfirmen im In- und Ausland lebhaft beteiligt haben".

d) Konstruktive Entwicklung im Lautsprecherbau.

Einleitend wurde schon darauf hingewiesen, daß in den großen Sonderfirmen, namentlich im Feinwerkbau, eine weitgehende Arbeitsteilung besteht. An dem konstruktiven Fortschritt sind außer dem Konstrukteur auch der Vertriebsingenieur, der Entwicklungsingenieur, der Normeningenieur, der Werkstoffingenieur, der Fertigungsingenieur usw. beteiligt.

In dem Aufsatz „Werkstoffsparen"[1] führt der Verfasser Dr. techn. Hugo Wögerbauer folgendes aus: „Der Konstruktionsingenieur ist durch die vom Entwicklungsingenieur vorgeschriebenen Teilgeräte und Funktionen nicht selten bereits weitgehend gebunden und kann selbst über die Abmessungen der nur mechanisch beanspruchten Teile nicht mehr frei verfügen. Immerhin hat er sämtliche Aufgabenstellungen in bezug auf den Werkstoffverbrauch zu überprüfen, da er formal die Verantwortung für den Aufwand der Gesamtkonstruktion trägt."

Die Skizzen *R 9* und *R 10* lassen diese Entwicklungsarbeit bei einem elektromagnetischen Rundfunklautsprecher[2] erkennen. Sie betreffen den Membrankorb (*R 9*, Skizze *1* u. *2*), das Magnetjoch (*R 10*, Form I, II u. III) und die Verbindung von Korb und Joch.

1. Der Korb.

Die trichterförmige Form des Korbes (*R 9/1*) wurde anfangs durch Ziehen hergestellt, die Fenster nach dem Ziehen mit Schnittwerkzeugen ausgeschnitten

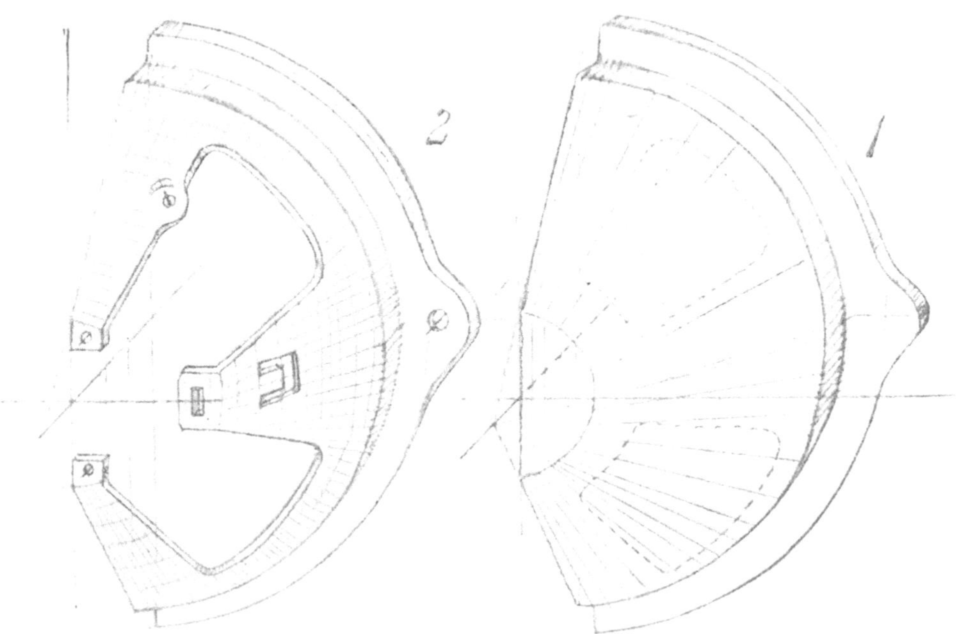

Reihe R 9. Skizze 1. Durch Ziehen (und Zwischenglühen) hergestellter Korb. — Skizze 2. Durch Schneiden und Biegen hergestellter Korb. (Sk. 1 u. 2 Aufbauskizzen des halben Korbes.)

[1] Maschinenbau, Bd. 19, 1940, S. 321/324. Vgl. auch H. Wögerbauer, Die herstellungswirtschaftliche Ausrichtung des konstruktiven Denkens. Werkstattstechnik 33 (1939) S. 369 bis 373 und den Vortrag über Werkstoffwahl, den Dr. techn. H. Wögerbauer in seiner Eigenschaft als Sparstoffkommissar (Wehrkreis III) des Reichsministers für Bewaffnung und Munition bei der Vortragsreihe „Werkstoffumstellung im Maschinen- und Apparatebau" gehalten hat (Herbst 1940).

[2] Die Unterlagen wurden mir von Direktor Prof. Küpfmüller, Siemens & Halske, Wernerwerk F, gütigst überlassen (Sachbearbeiter Dr. techn. Wögerbauer).

Das Ziehen findet in mehreren Zügen statt, nach jedem Zug muß der Korb ausgeglüht werden. Das Zwischenglühen verlängert die Herstellungszeit und verteuert das Erzeugnis beträchtlich.

So entstand die Forderung, einen Korb zu entwickeln, der durch Ausschneiden und Biegen (ohne Glühen) hergestellt werden kann. Skizze *R 9/2* läßt die neue Form erkennen. Sie ist auf Grund einiger Versuchsausführungen und in Fühlung mit der Fertigung und dem Konstrukteur für die Schnittwerkzeuge entstanden. Die unteren freien Enden sind so gestaltet, daß sie gut mit einer rechteckigen Polplatte verbunden werden können. Für die Massenfertigung kann der Ausgangswerkstoff vom Walzwerk gleich in Form runder Scheiben (Ronden) bezogen werden. Der Abfall ist beim gebogenen Korb geringer als beim gezogenen. Der Zeitaufwand für den Zusammenbau ist beim gebogenen Korb größer.

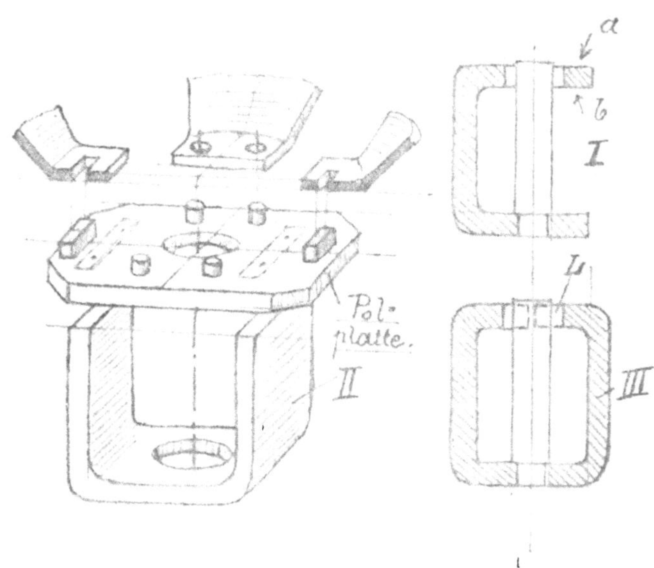

Reihe R 10. Magnet, Form I, II und III. Bei Form II ist auch die Verbindung der Polplatte mit dem Korb skizziert.

2. Der Magnet.

Die Form des Joches zeigen die Skizzen *R 10*, I, II u. III. In bezug auf die Herstellung des Joches sind die Formen I und II am günstigsten (nur zwei Abbiegungen; einfache Werkzeuge). In bezug auf die Verbindung (s. Punkt 3) ist I am günstigsten, da die Flächen *a* und *b* gut zugänglich sind. Bei Form II wurde anfangs Verschraubung angewendet (Gewindeschneiden im Sackloch teuer). Die besten elektromagnetischen Eigenschaften (Form des Feldes, Gleichmäßigkeit des Feldes im Luftspalt *L*) hat der Magnet III, allerdings bei größerem Werkstoffverbrauch und höheren Fertigungskosten. Dieser Vergleich zwischen I, II und III zeigt, daß der Konstrukteur — gleichsam wie bei Gestaltung einer Düse, die vom Dampf durchströmt wird — auch hier eine Form zu schaffen hat, welche der (magnetischen) Strömung angepaßt ist und den Forderungen der Fertigung und des Werkstoffes entspricht.

3. Die Verbindung zwischen Joch und Korb.

Bei der älteren Ausführung des Korbes und Form I: Rohrnieten. (Sehr sorgfältige Nietung erforderlich, da sonst „Klirren“ auftritt!)

Bei Form II: Zylinderkopfschrauben, Gewinde im Joch; neuerer Zeit auch Buckelschweißung.

Bei Form III: Punktschweißung, Buckelschweißung oder auch unmittelbare (direkte) Nietung, wobei (Skizze *R 10*) der runde oder eckige Nietschaft durch Prägen aus dem Werkstoff der Polplatte gebildet wird. Die günstigsten Abmessungen der Ein- und Ausprägung sind durch Versuche zu ermitteln, die Übereinstimmung der Nietschäfte mit den Durchbrüchen ist durch genaue Werkzeuge zu gewährleisten.

Triebwerksteile.

a) Schubstangen für Dieselmotoren.

Anknüpfend an Berichte, die ich in den Jahren 1908 und 1938 in der Zeitschrift des Vereines Deutscher Ingenieure veröffentlicht habe, soll die Arbeit des Konstrukteurs bei der Entwicklung von geteilten Köpfen in diesem Zeitraum gezeigt

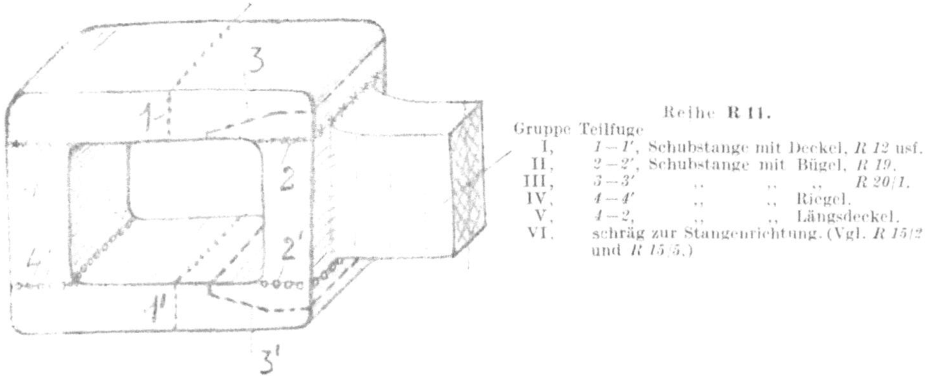

Reihe **R 11.**

Gruppe Teilfuge
I, *1—1'*, Schubstange mit Deckel, *R 12* usf.
II, *2—2'*, Schubstange mit Bügel, *R 19*.
III, *3—3'* „ „ „ *R 20/1*.
IV, *4—4'* „ „ Riegel.
V, *4—2*, „ „ Längsdeckel.
VI, schräg zur Stangenrichtung. (Vgl. *R 15/2* und *R 15/5*.)

werden[1]. In der Skizze *R 11* eines geschlossenen Kopfes sind die Teilungslinien eingezeichnet, nach denen die Trennung vorgenommen werden kann. Für die Form des geteilten Kopfes ist ferner die Bauaufgabe bestimmend. Es gibt Köpfe (Gruppe I, *R 12* bis *R 15* usf.), die nur ein geteiltes Lager darstellen, während andere (Gruppe II und III, *R 19*, *R 20/1*, *R 27/2*) auch die Stellgruppe aufnehmen müssen.

Die B a u a r t e n d e r e r s t e n G r u p p e haben sich aus der Form eines runden Stangenauges entwickelt. Die zylindrischen Lagerschalen werden mit Beilagen versehen, oft wird das Lagermetall unmittelbar in den Deckel und das Schaftende eingegossen. Die Schubstangenschrauben übernehmen die Aufgaben der Befestigung und Nachstellung. Da die geteilten Köpfe mit Deckel hauptsächlich im Schiff-Dampfmaschinen- und Schiff-Dieselmotorenbau ausgebildet worden sind, bezeichnet man sie als Schiffsmaschinen- oder Marineköpfe.

Bei sehr hoher Kurbelgeschwindigkeit kann der von der Massenwirkung des Kopfes herrührende Lagerdruck den Kolbendruck übertreffen. Da die Fliehkräfte der umlaufenden Massen der Gestängeteile die Lagerschale immer gegen dieselbe Stelle des Kurbelzapfens pressen, sind die Zapfengleitflächen sehr ungünstig beansprucht. Um die Drücke zu vermindern, baut man den Stangenkopf möglichst leicht, oder verwendet Köpfe und Stangen aus Leichtmetall. (Stangen aus diesem Werkstoff haben sich an Kraftwagenmotoren bewährt, in Frankreich und in den Vereinigten Staaten von Amerika hat man sie sogar im Lokomotivbau verwendet; dabei ergaben sich gegenüber den früheren, gering beanspruchten Stahlstangen Gewichts-

[1] Vgl. V o l k - F r e y, Schubstangen und Kreuzköpfe, II. Auflage, 1929, Verlag Julius Springer, Berlin und C. V o l k, Die Grundlagen der Gestaltungslehre und ihre Anwendung auf die Bauformen und Bauteile der Schubstangen, Schriftenreihe der Arbeitsgemeinschaft Deutscher Konstruktionsingenieure, Berlin 1930.

ersparnisse bis zu 40 %. Allerdings wäre die Ersparnis gegenüber den sehr hoch und gleichmäßig belasteten deutschen Stangen wesentlich geringer.)

Die Reihen *R 12*, *R 13* u. *R 14* zeigen Deckel von Schiffsdieselmaschinen. Die

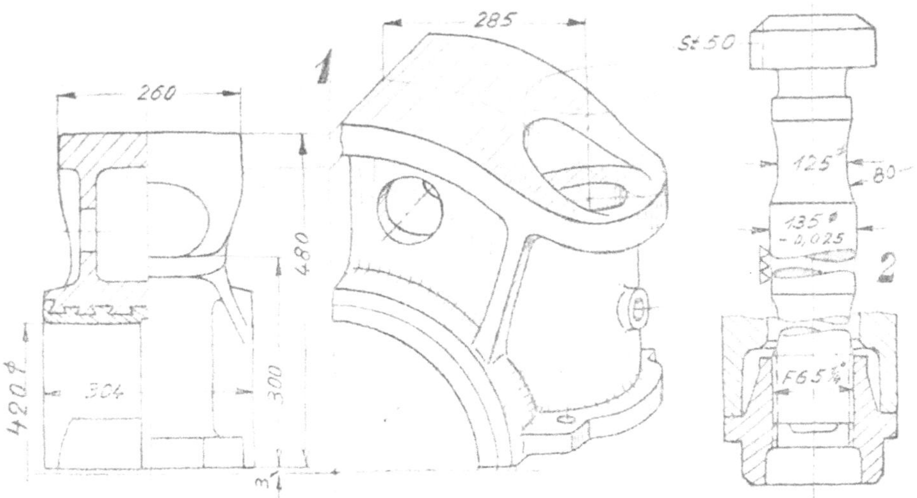

Reihe R 12. Skizze 1. Deckel einer doppelwirkenden Zweitakt-Maschine. Stahlguß, mit Lagermetall ausgegossen (AEG, 1935). – Skizze 2. Schraube mit Dehnlängen und Zugmutter. Paßbolzen (135 ∅) dient zur Lagensicherung zwischen Deckel u. Schaft.

Reihen *R 15* und *R 16* lassen die Wandlung erkennen, welche die Schubstangen kleinerer Viertakt-Dieselmotoren mit wachsender Drehzahl erfahren haben. Da die Ebene des Muttersitzes zur Schraubenbohrung g e n a u s e n k r e c h t stehen muß,

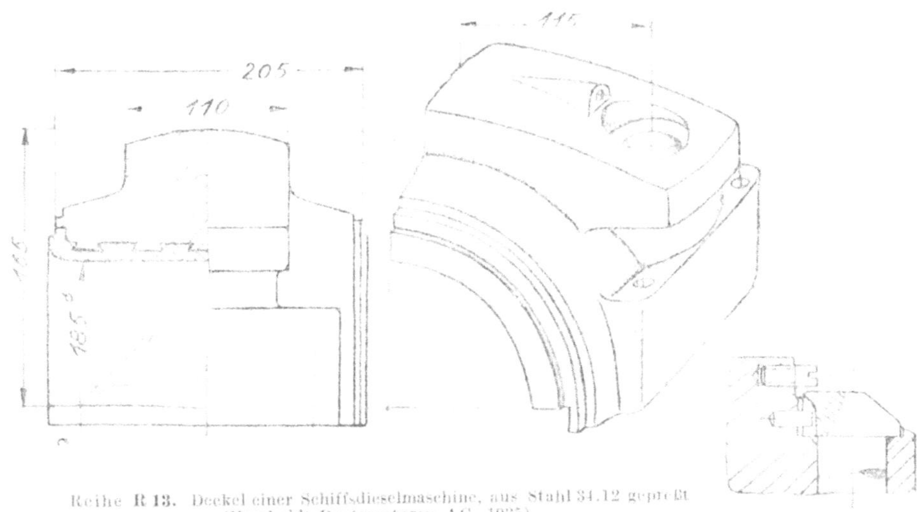

Reihe R 13. Deckel einer Schiffsdieselmaschine, aus Stahl 34.12 gepreßt (Humboldt-Deutzmotoren AG, 1935).

muß der gepreßte Deckel an dieser Stelle sorgfältig bearbeitet werden. Das führt bei der Form *R 16/1* zu einer nachteiligen Einkerbung. Bei *R 16/2* sind die Preßform und das Fräserprofil *F* so aufeinander abgestimmt, daß ein allmählicher Übergang entsteht. Auch sonst hat der Konstrukteur die Herstellung des Gesenkes und die Verschmiedungseigenschaften des Werkstoffes weitgehend berücksichtigt. Für höhere Drehzahlen ist aber der Deckel zu schwach. Bei Skizze *R 15/1* ist das Widerstandsmoment erhöht, das Gewicht nur unwesentlich vermehrt. Da sich am Kopfsitz ähnliche Schwierigkeiten ergeben, wie an der Mutter, außerdem die Stiftschrauben sich bei Schwellbeanspruchung günstiger verhalten als Schrauben mit Kopf und Mutter, hat die Pleuelstange *R 15/1* eine Dehnschraube nach Skizze *R 15/3* erhalten (vgl. *R 27/2* u. *4* und *R 69/3*).

Diese Schraube kann aber nicht die Stellung des Deckels gegenüber dem Schaft sichern. Bei einteiligen Lagerbuchsen kann man darauf verzichten, bei zweiteiligen Schalen oder Deckel mit Lagerausguß ist eine Verzahnung nach *R 13* erforderlich.

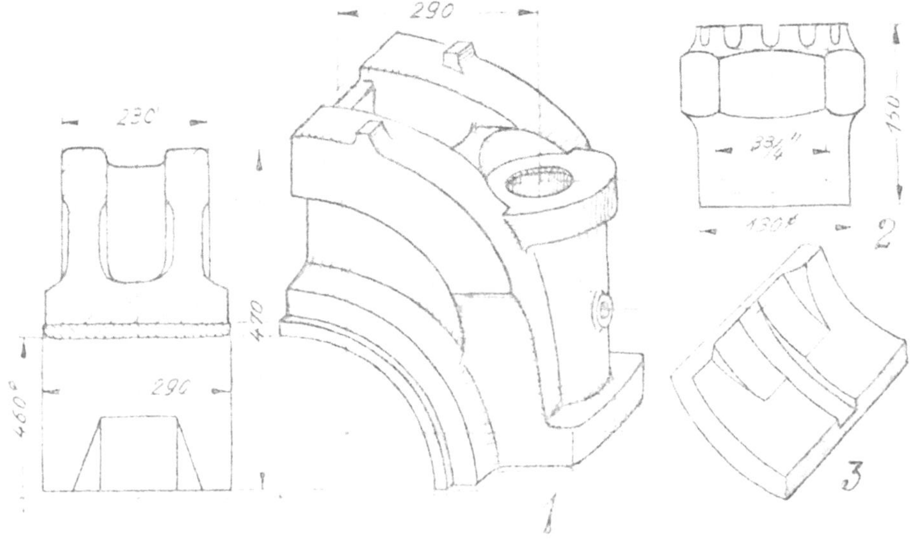

Reihe **R 14.** Skizze 1. Deckel einer Schiffsdieselmaschine. Stahlguß, mit Lagermetall ausgegossen. (Maschinenfabrik Augsburg-Nürnberg, MAN, 1935). — Skizze 2. Kronenmutter. Rand (130 Ø) mit 60 Teilstrichen versehen, um das Einstellen der Vorspannung zu erleichtern. — Skizze 3. Untere Lagergleitfläche mit Ölnut und Öltasche an der Teilfuge.

Bei Skizze *R 15/1* ist die Schalenteilfuge gegen die Deckelteilfuge versetzt; dadurch entsteht ein genügender Querhalt. Bei Skizze *R 15/2* verläuft die verzahnte Teilfuge unter 45° zur Längsrichtung der Stange.

Die Stiftschraube, Skizze *R 15/3*, reicht mit einem zylindrischen Ansatz in die Schaftbohrung. Dadurch wird der Gewindeansatz gegen Biegebeanspruchungen gesichert.

Obwohl ich in diesem Skizzenbuch nur auf die Konstruktionen selbst, nicht auf die zur Durchführung der Konstruktion erforderlichen Zahlenrechnungen eingehen kann, sei hier, bei den Schubstangenschrauben eine Ausnahme gemacht, weil gerade in der letzten Zeit eine Reihe von Untersuchungen die zahlenmäßige Behandlung der Aufgabe erleichtert haben. Gefühlsmäßig war auch schon vor 30 Jahren klar, daß Dehnung und Vorspannung der Schraube und der verschraubten Teile für den Dauerbruch entscheidend sind.

Die Rechnung wird jetzt meist mit Hilfe eines Verspannungsschaubildes durchgeführt. Die Skizzen *R 17* weichen von der üblichen Darstellung ab; sie zeigen unmittelbar den Zusammenhang der Spannungen mit den Formänderungen in der Schraubenverbindung.

Mit der Berechnung ist es aber nicht getan. Der Konstrukteur muß auch dafür sorgen, daß die nachfolgenden Bedingungen erfüllt werden:

1. Die Auflageflächen von Kopf und Mutter müssen unter Last genau rechtwinklig zur Achse der Bohrung stehen. Dazu sind notwendig: Bohren in Vorrich-

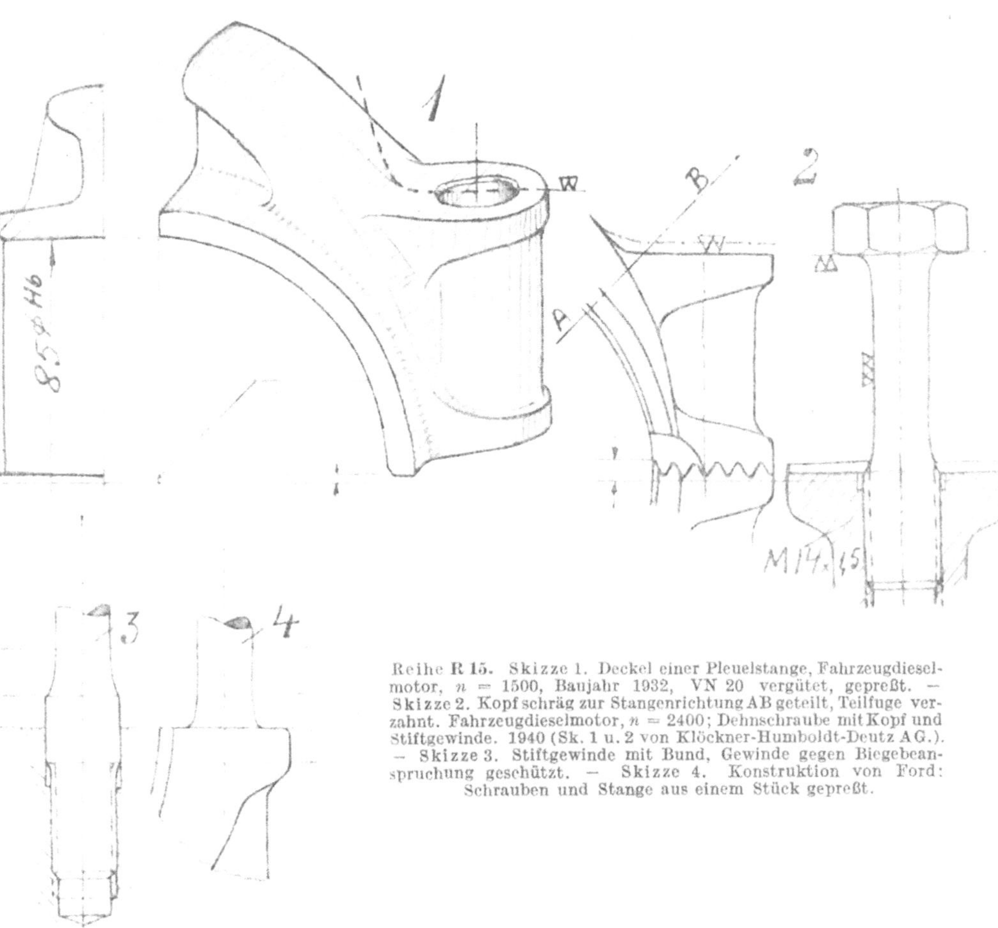

Reihe **R 15.** Skizze 1. Deckel einer Pleuelstange, Fahrzeugdieselmotor, $n = 1500$, Baujahr 1932, VN 20 vergütet, gepreßt. — Skizze 2. Kopf schräg zur Stangenrichtung AB geteilt, Teilfuge verzahnt. Fahrzeugdieselmotor, $n = 2400$; Dehnschraube mit Kopf und Stiftgewinde. 1940 (Sk. 1 u. 2 von Klöckner-Humboldt-Deutz AG.). — Skizze 3. Stiftgewinde mit Bund, Gewinde gegen Biegebeanspruchung geschützt. — Skizze 4. Konstruktion von Ford: Schrauben und Stange aus einem Stück gepreßt.

tungen, Aufschleifen der Flächen, einstellbare Unterlegscheiben, Vermeiden von Durchbiegungen des Deckels.

2. Die verlangte Vorspannung soll beim Zusammenbau eingestellt werden und im Betrieb erhalten bleiben. (Beides schwierig und nur innerhalb gewisser Grenzen zu erreichen.)

3. Die im Betrieb auftretende Höchstlast muß sich möglichst gleichmäßig auf alle an der Aufnahme der Last beteiligten Schrauben und bei jeder Schraube auf eine möglichst große Zahl von Gewindegängen verteilen.

4. Im Betrieb auftretende Stöße dürfen nicht in voller Höhe auf die Schrauben

kommen. Der auf die Schrauben entfallende Anteil der Stoßarbeit muß federnd aufgenommen werden.

5. Spannungsspitzen, Kerbwirkung, ein- und ausspringende Ecken und Querbohrungen sind möglichst zu vermeiden. Dabei sind zu beachten: Die Form und die Toleranz des Gewindes, der Gewindeauslauf, der Übergang zu den Dehnlängen, die Übergänge vom Schaft zum Kopf usw.

6. Die Sicherungen des Bolzens und der Mutter gegen Losdrehen müssen unbedingt zuverlässig sein; sie dürfen die Festigkeit nicht ungünstig beeinflussen und

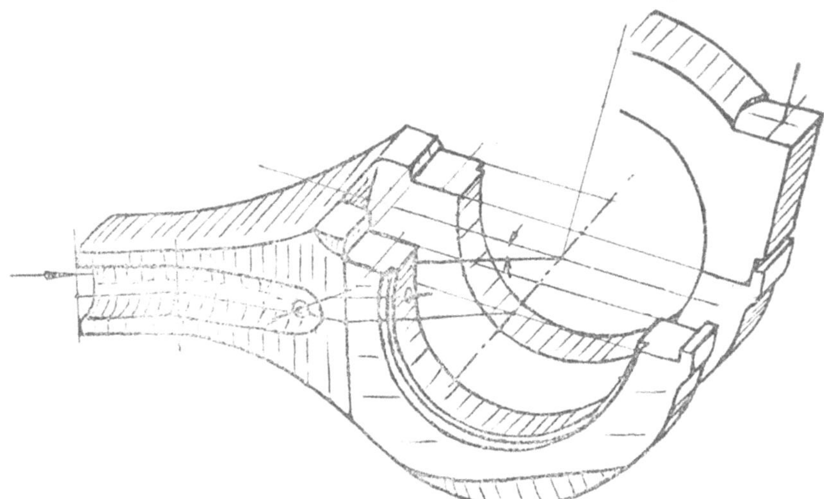

Reihe **R 15.** Skizze 5[1]. Hauptpleuelstange eines Zweitakt-Dieselmotors für Lastkraftwagen, $n = 2000$, VCMo, Fr. Krupp AG., Essen. Teilfuge schräg zur Stangenrichtung. (Erleichtert den Ausbau, entlastet die Schrauben von Stößen.)

müssen das Feststellen der Mutter in möglichst vielen Lagen zulassen. (Vgl. den Abschn. Sicherungen und *R 26.*)

Fast bei keiner Konstruktion sind alle sechs Punkte völlig einwandfrei erfüllt; daher ist es begreiflich, daß immer wieder Schraubenbrüche auftreten, von denen vielleicht die Hälfte die Merkmale von Dauerbrüchen aufweist. Daraus erklärt sich auch das Streben, die von der Kolbenkraft und den Massendrücken auf Zug beanspruchten Schubstangenschrauben ganz zu vermeiden, sowie das wiederholte Suchen nach „Schutzformen“, die den geformten Schraubenwerkstoff vor Überanstrengung schützen und befähigen sollen, wenigstens kürzere Zeit auch einer Überlastung zu trotzen.

Zwei Gedankengänge haben in zwei neueren Bauformen für größere Gewindedurchmesser ihren konstruktiven Ausdruck gefunden. Auf Grund der Erkenntnis, daß die normalen Muttern, z. B. nach Skizze *R 14/2*, im Querschnitt auf Druck, die Bolzen auf Zug beansprucht sind, ging man zur Schulter- oder Halsmutter über. Aber man hat anfangs den Gedanken nicht zu Ende gedacht, hat die Mutter gleichsam aus einer oberen gedrückten und einer unteren gezogenen Hälfte zusammengesetzt. Erst die Zugmutter, Skizze *R 12/2*, die auch für die Verbindung von Kreuz-

[1] Skizze 5 ist eine Strichätzung. Die meisten Skizzen dieses Buches sind nach den Entwürfen in Blei mit Hilfe der Autotypie vervielfältigt. Das Rasterverfahren erfordert höheren Zeit- und Kostenaufwand, gibt aber den Charakter der Skizze und den Farbton des Bleistiftstriches gut wieder. Einige wenige Skizzen (R 52, R 60, R 65 usw.) sind Strichätzungen nach Tuschezeichnungen.

kopf und Kolbenstange empfohlen wird, gewährleistet die Verteilung der aufzunehmenden Kraft auf eine größere Zahl von Gängen. Die Ausführung nach *R 18/4* u. *5* lehnt sich an ähnliche Überlegungen an. Die Federung wird jedoch nicht in den rohrförmigen Teil der Mutter verlegt, wie bei Skizze *R 12/2*, sondern in die besonders gestalteten Gänge des Muttergewindes (Soltgewinde).

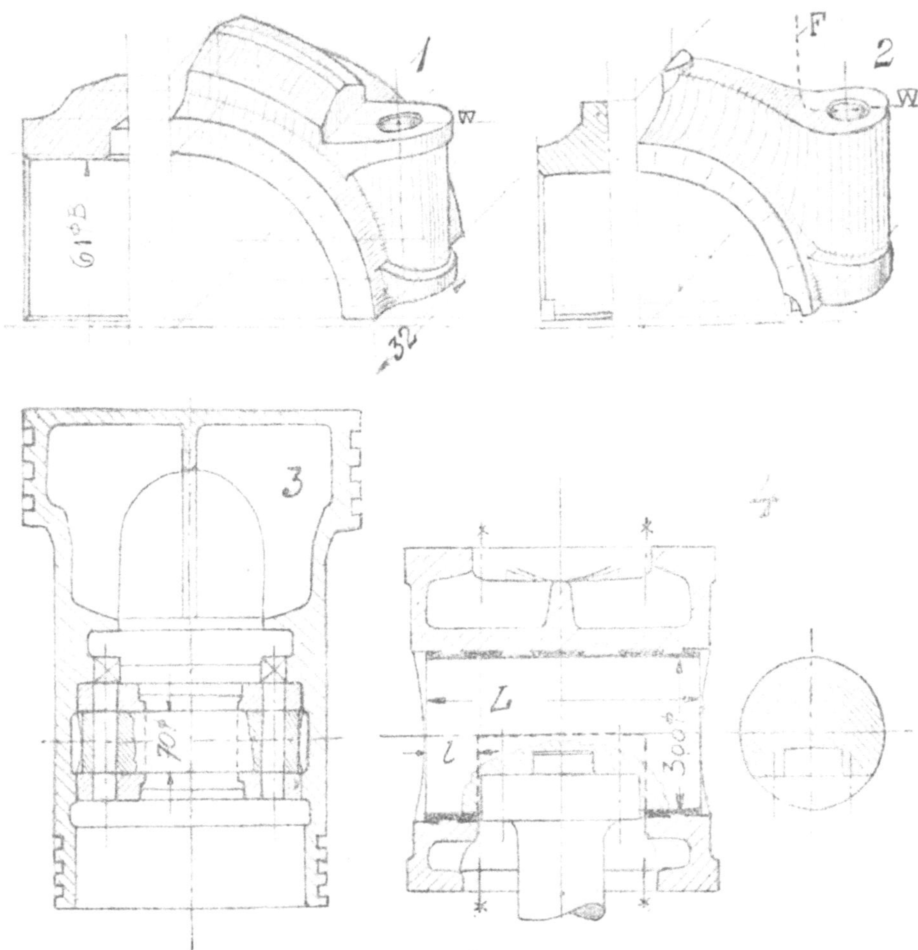

Reihe **R 16.** Skizze 1. Deckel zu einem Dieselmotor, ältere Ausführung. St 50.11, gepreßt. — Skizze 2. Deckel zu Fahrzeugdieselmotor, $n = 2000$. VCMo 135, vergütet, gepreßt. — Skizze 3. Kolben eines Verdichters. Der Schubstangenkopf umfaßt den Kolbenbolzen. — Skizze 4. Kolben für einfach wirkenden Zweitakt. Schubstange mit Kolbenbolzen verschraubt.

Neben diesen beiden neuen Schutzformen hat sich auch die schon erwähnte alte Schutzform der „Dehnlängen" behauptet. Man geht mit dem Querschnitt der Dehnlängen sogar unter den Kernquerschnitt und erhöht die Dauerfestigkeit des geschwächten Querschnittes durch Verdichten der Oberfläche.

Von den Mitteln zum Einstellen der gewünschten Vorspannung seien genannt: Messen der Längenänderung am vorgespannten Bolzen (*R 18/5*), unmittelbares Messen der Zugkräfte und Druckkräfte (oder der Federung) in der Schraubenverbindung, Messen des Drehmomentes beim Anziehen (ungenau), Anwärmen des Bolzens vor dem Anziehen, sog. Einschrumpfen der Bolzen (dabei ist die Einbau-

und Betriebstemperatur der Mutter, des Bolzens und der eingespannten Teile beim Anwärmen, im Betrieb und beim Abstellen genau zu beachten) u. a. m.

Das bisher über die Schrauben Gesagte beweist, daß der Konstrukteur nur selten die Spannungsverteilung zwischen Mutter und Bolzen beim Anziehen, im Betrieb, bei Überlast, bei Stößen usw. genau berechnen kann. (Vgl. S. 88.)

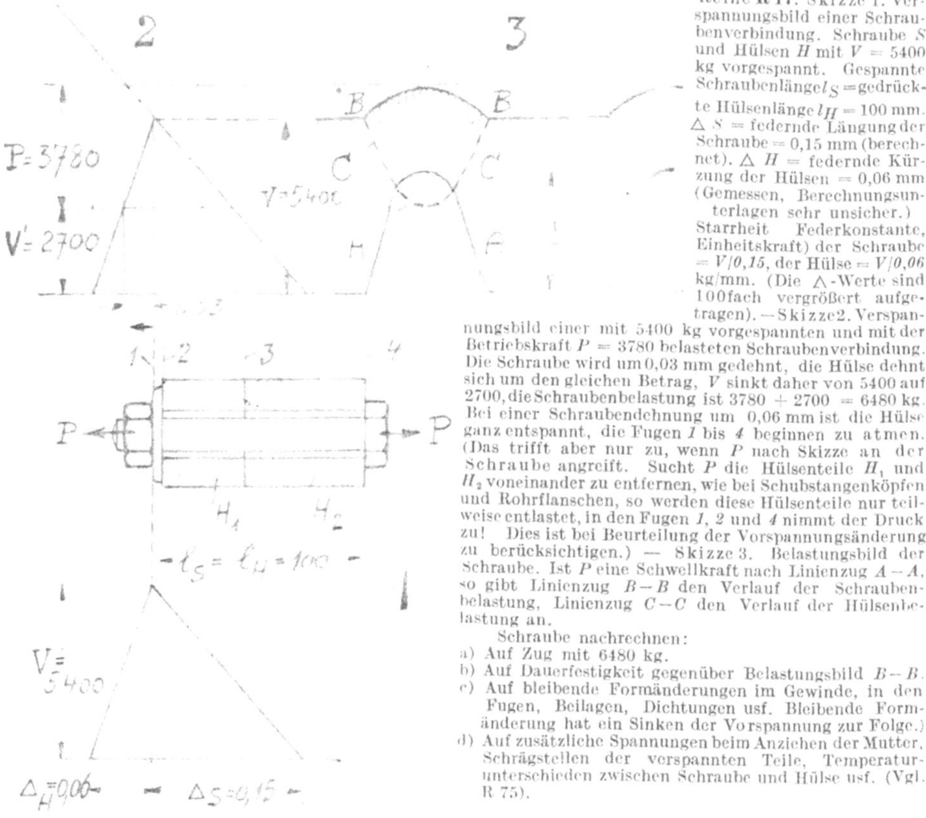

Reihe **R 17**. Skizze 1. Verspannungsbild einer Schraubenverbindung. Schraube S und Hülsen H mit $V = 5400$ kg vorgespannt. Gespannte Schraubenlänge l_S = gedrückte Hülsenlänge $l_H = 100$ mm. ΔS = federnde Längung der Schraube = 0,15 mm (berechnet). ΔH = federnde Kürzung der Hülsen = 0,06 mm (Gemessen, Berechnungsunterlagen sehr unsicher.) Starrheit Federkonstante, Einheitskraft) der Schraube $= V/0{,}15$, der Hülse $= V/0{,}06$ kg/mm. (Die Δ-Werte sind 100fach vergrößert aufgetragen). — Skizze 2. Verspannungsbild einer mit 5400 kg vorgespannten und mit der Betriebskraft $P = 3780$ belasteten Schraubenverbindung. Die Schraube wird um 0,03 mm gedehnt, die Hülse dehnt sich um den gleichen Betrag, V sinkt daher von 5400 auf 2700, die Schraubenbelastung ist $3780 + 2700 = 6480$ kg. Bei einer Schraubendehnung um 0,06 mm ist die Hülse ganz entspannt, die Fugen *1* bis *4* beginnen zu atmen. (Das trifft aber nur zu, wenn P nach Skizze an der Schraube angreift. Sucht P die Hülsenteile H_1 und H_2 voneinander zu entfernen, wie bei Schubstangenköpfen und Rohrflanschen, so werden diese Hülsenteile nur teilweise entlastet, in den Fugen *1*, *2* und *4* nimmt der Druck zu! Dies ist bei Beurteilung der Vorspannungsänderung zu berücksichtigen.) — Skizze 3. Belastungsbild der Schraube. Ist P eine Schwellkraft nach Linienzug $A-A$, so gibt Linienzug $B-B$ den Verlauf der Schraubenbelastung, Linienzug $C-C$ den Verlauf der Hülsenbelastung an.

Schraube nachrechnen:

a) Auf Zug mit 6480 kg.

b) Auf Dauerfestigkeit gegenüber Belastungsbild $B-B$.

c) Auf bleibende Formänderungen im Gewinde, in den Fugen, Beilagen, Dichtungen usf. Bleibende Formänderung hat ein Sinken der Vorspannung zur Folge.)

d) Auf zusätzliche Spannungen beim Anziehen der Mutter, Schrägstellen der verspannten Teile, Temperaturunterschieden zwischen Schraube und Hülse usf. (Vgl. R 75).

Vielleicht ist hier der Platz, ganz allgemein auf die Fortschritte im Berechnen der Bauformen einzugehen. Im Versuchswesen und in der Werkstoffprüfung haben wir zwar wertvolle Ergebnisse erzielt; der rechnende Konstrukteur kann aber diese Ergebnisse nur selten unmittelbar verwerten. Auch werden oft Vergleiche angestellt, die keineswegs der Wirklichkeit entsprechen. Man kann z. B. nicht — um bei den Schrauben zu bleiben — die an freien Kerben gefundenen Kerbwirkungszahlen auf Gewindegänge mit belastetem Rand übertragen. Und wenn, wie oben gezeigt wurde, die Druckbeanspruchung und Verkürzung in der Mutter, die Dehnung im Bolzengewinde und die Toleranz der Steigung für die Belastung der Gänge entscheidend ist, so ist klar, daß z. B. ein Versuchsmodell für Schraube und Mutter, das die erwähnten Einflüsse nicht wiedergibt, auch keine für die Schraubenberechnung brauchbaren Zahlenwerte liefern kann.[1]

[1] Aus diesen Widersprüchen folgt oft ein nicht gerechtfertigter Gegensatz zwischen Theorie und Wirklichkeit. Theorie (Anschauung, Lehre) im engeren Sinne ist eine wissenschaftliche Erkenntnis, bei der

1. die Voraussetzungen auf gesicherter Erfahrung und Beobachtung beruhen, die

Bei der Fülle der Erscheinungen und den beschränkten Mitteln, sie zu beherrschen, erlangt die Bewährung oder Nichtbewährung einer Bauform am Prüfstand und im Betrieb erhöhte Bedeutung. Leider wird die Auswertung von Betriebsstatistiken, der auch sonst manche Hindernisse entgegenstehen, sehr durch das Fehlen von Vereinbarungen erschwert, die es ermöglichen würden, Vergleichsrechnungen auf einheitlicher Grundlage durchzuführen.

Für eine ganze Reihe von Aufgaben (rollende Reibung, Lagerreibung, Theorie der elastischen und plastischen Formänderung, Stoß am Kurbelzapfen, Theorie der Schiffsschraube usw.) war der Konstrukteur oft ein halbes Jahrhundert hindurch oder länger auf Erfahrungswerte und Berechnungsvorschriften angewiesen, die auf

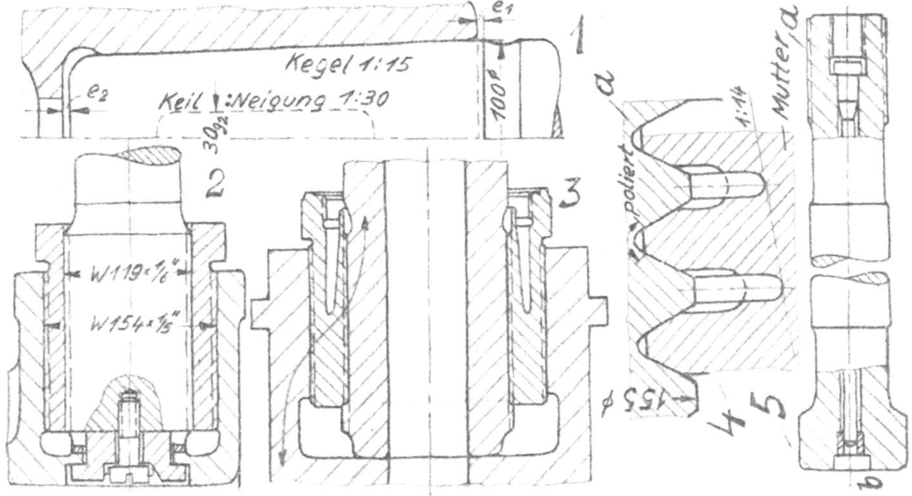

Reihe R 18. Skizze 1. Keil und Kegel am Kreuzkopfende einer Lokomotiv-Kolbenstange. — Skizze 2. Schraubverbindung mit Differentialgewinde. — Skizze 3. Verbindung der hohlen Kolbenstange eines Dieselmotors mit dem Kreuzkopf. — Skizze 4. Solt-Gewinde. — Skizze 5. Schraube mit Soltgewinde und Meßeinrichtung für die Bolzendehnung.

glücklicher Einfühlung beruhen, aber doch die letzten Zusammenhänge, den „physikalischen Sinn der Erscheinungen", nicht erfassen.

Die Reihen *R 12* bis *R 16/2* enthalten Skizzen vom Kurbelende der Schubstange. Die Skizzen *R 16/3* u. *4* zeigen für einen Sonderfall die Konstruktion auf der Kreuzkopf- oder Kolbenseite. Bei Skizze *R 16/3* handelt es sich um einen Kolben eines Stufenkompressors[1]. Der Kolbenbolzen sitzt in einem besonderen Einsatz. Die Skizze *R 16/4* zeigt eine bedeutsame Wandlung bei einem Tauchkolben einer amerikanischen Schiffsdieselmaschine. Das Schubstangenende ist mit dem Kolbenbolzen verschraubt. Beim Arbeitshub wird der Druck von der Zapfenfläche $D \times L$ auf-

2. mit Hilfe einwandfreier Methoden abgeleitet und in strengen Begriffen niedergelegt ist, und die sich
3. durch eine genügende Zahl von Erfahrungen als richtig erwiesen hat.

Im Gegensatz dazu ist Hypothese eine zu einem Sachverhalt mehr oder weniger passende Voraussetzung.

Eine Hypothese, deren Richtigkeit man bezweifelt, kann — innerhalb gewisser Grenzen — doch zu einem brauchbaren Ergebnis führen. Derartige Arbeits-Hypothesen soll man aber nie mit dem Ehrennamen einer Theorie oder Lehre belegen.

[1] Aus Volk-Eckardt, Kolben. Berlin, Verlag Julius Springer.

genommen, beim Kolbenrückgang von der Fläche $D \times 2\,l$. (Eine ähnliche Bauart wird von der MAN ausgeführt.) Da bei einfachwirkenden Tauchkolbenmaschinen die Kolbenbolzen sehr ungünstig beansprucht sind und zum Heißlaufen neigen, ist die auf diese Weise beim Arbeitshub erzielte beträchtliche Verminderung des Druckes zwischen den Gleitflächen sehr willkommen.

b) Triebwerksteile für Lokomotiven.

Bei den Stangenköpfen der zweiten und dritten Gruppe (Skizze *R 11*) ist über das Schaftende ein Bügel (Kappe, Schnalle) geschoben. Die Ausführung nach

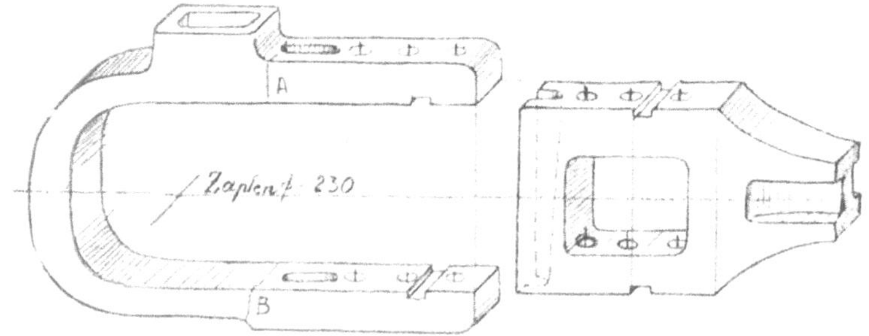

Reihe **R 19**. Schaftende und Bügel für eine ältere Lokomotiv-Treibstange (~ 1900).

R 19, die eine Lokomotiv-Treibstange für den Innenzylinder und gekröpfte Achse darstellt, hat sich vor etwa 30 Jahren für geringe Drücke und Geschwindigkeiten durchaus bewährt, erwies sich jedoch mit Zunahme der Fliehkräfte und der Beanspruchung rechtwinklig zur Stangenachse als zu schwach in dem Querschnitt *A—B*. Ferner war das Ein- und Ausbringen der drei langen Paßschrauben mit erheblichen Schwierigkeiten verbunden[1]. Diese Nachteile sind bei einer neueren Form des Schaftendes (Skizze *R 20/1*) vermieden. Die Grundschale wird vom Schaft zangenförmig umfaßt; die langen durchlaufenden Schrauben der Bauart nach Skizze *R 19* sind gegen 8 kurze Schrauben ausgetauscht worden. Durch Aussparungen und Verringern der Wandstärken wurde das Gewicht des Schaftendes möglichst herabgesetzt. Erklärlicherweise stellt die neue Form besondere Anforderungen an die Werkstätten, aber schnelle Lokomotiven verlangen eben gebieterisch ein geringes Gewicht des Stangenkopfes.

Der Bügel kann ⊣-förmigen oder]-förmigen Querschnitt erhalten (*R 20*, Skizze *3* u. *2*)[2]. Bei einer neueren Ausführung (*R 20/5*) sind die Bunde der Lagerschalen mit eingegossenen Kühlrippen versehen.

Bild 6 in Reihe *R 20* gibt die innere Treibstange für die Baureihe 45 der Deutschen Reichsbahn wieder. Bild 6 ist der Abhandlung entnommen, die Abteilungs-

[1] Es hat nicht an Versuchen gefehlt, an Stelle des langen Bügels ein anderes Bauelement zu verwenden. Durch weitere Umbildung des Schaftendes entwickelte man die Bauformen der Gruppe IV, die allerdings ein besonders sorgfältiges Herstellen und Einpassen des Verschlußstückes V voraussetzen. Bei Lokomotiven ist man von den Formen der Gruppe IV (*R 11*) wieder abgekommen, namentlich wegen des großen Platzbedarfes, aber für ortsfeste Maschinen hat sich daraus der Riegelkopf entwickelt. Bei der Berechnung ist die Kerbwirkung an den Paßstellen 4—4′ zu beachten und die Wirkung der Durchbiegung, des Faserverlaufs usw. zu berücksichtigen. Für sehr hohe Stangenkräfte hat man das Verschlußstück mit mehreren tragenden Flächen versehen; die Flächen werden aber — ähnlich wie die Gänge einer Mutter — nicht gleichmäßig belastet sein.

[2] Skizze *R 20/4* zeigt einen Stangenkopf mit ⊢⊣-förmigem Querschnitt. Es handelt sich dabei um einen geschlossenen Kopf für Timken-Wälzlager. Vgl. C. Volk, Messungen an Lokomotiv-Treibstangen, Z. VDI, Bd. 82, 1938, S. 891.

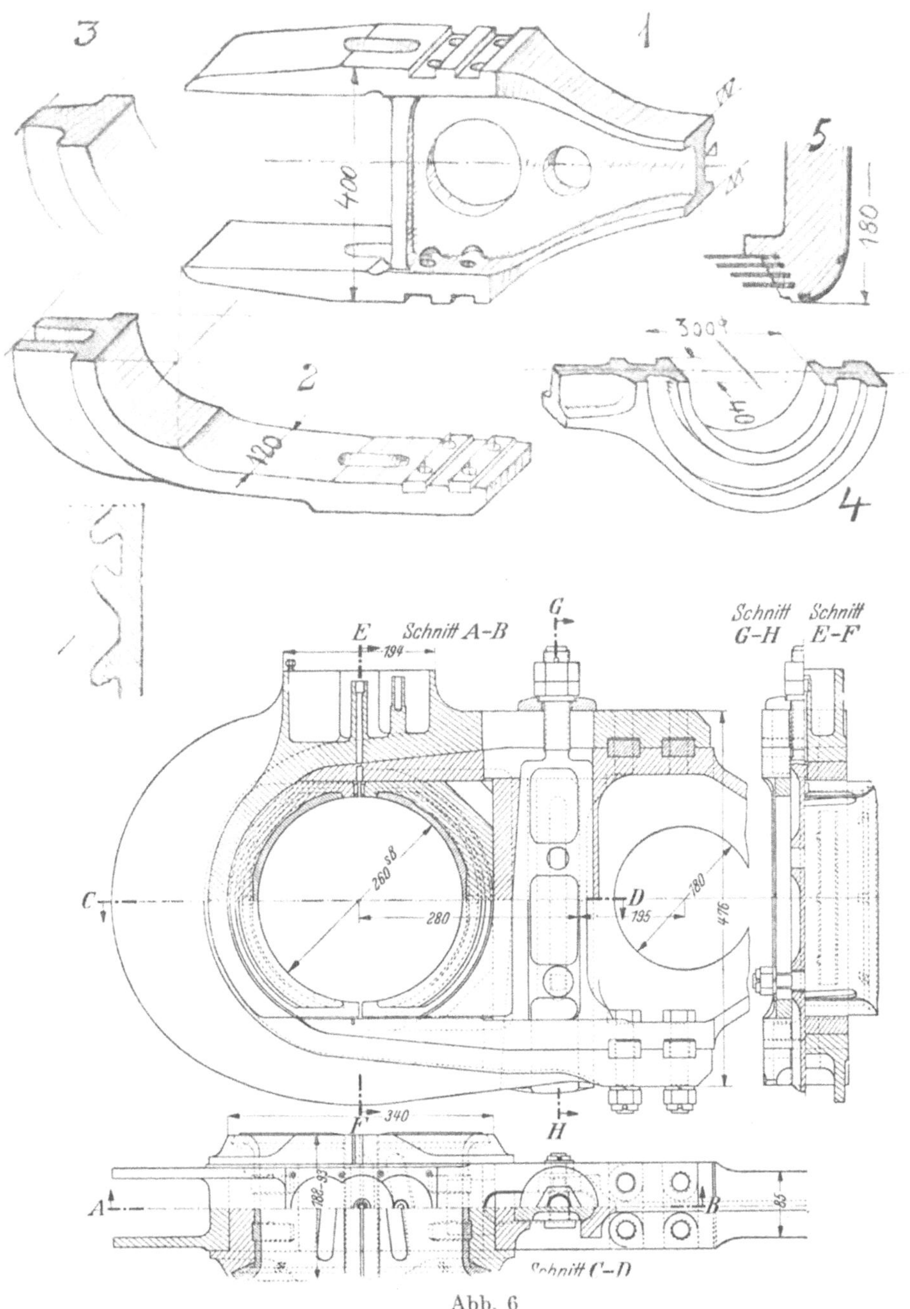

Abb. 6

Reihe R 20. Skizze 1 u. 2. Schaftende und Bügel einer inneren Treibstange, Personenzug-Lokomotive der Deutschen Reichsbahn, 1935. (Skizze 3: Bügel mit ⊣ Querschnitt.) — Skizze 5. Lagerschale mit Dünnausguß und Kühlrippen am Bund, Deutsche Reichsbahn 1939. (Die Nebenskizze unter Sk. 2 zeigt eine neue Verklammerung des Lagermetalls, namentlich bei Druckgießen.) — Skizze 4. Geschlossener Treibstangenkopf für Rollenlager. (Bauart Timken, USA.) — Abb. 6. Innere Treibstange, Dreizylinder-Güterzuglokomotive, Baureihe 23, Deutsche Reichsbahn. (Aus Organ für die Fortschritte des Eisenbahnwesens, 1939, S. 360.)

präsident Dr.-Ing. e. h. R. P. Wagner unter dem Titel: Die neue Lokomotivtypenreihe der Reichsbahn für veränderlichen Achsdruck im

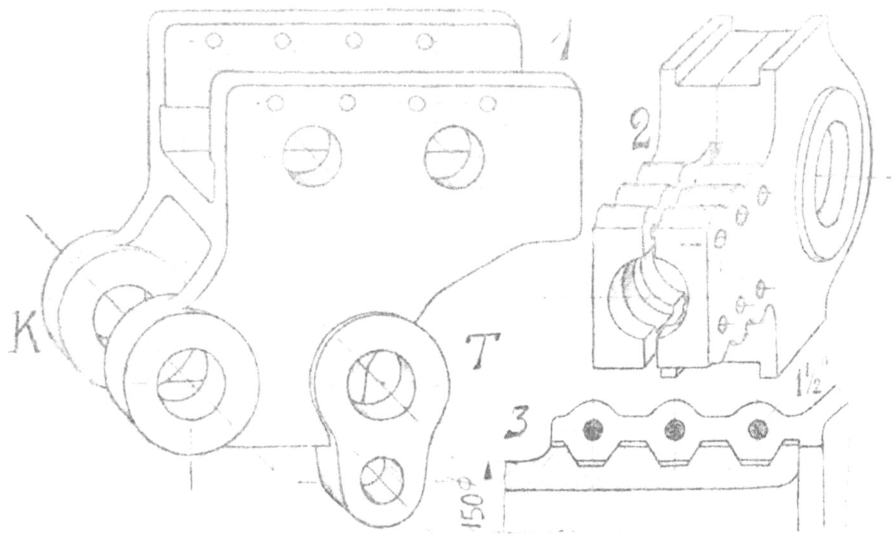

Reihe **R 21.** Skizze 1. Lokomotiv-Kreuzkopf (Entwurf, Aufbauskizze). Kolbenstange bei K (mit Auge und Zapfen) befestigt. — Skizze 2. Geteilter amerikanischer Lokomotiv-Kreuzkopf. — Skizze 3. Einzelheiten der Klemmverbindung zu Skizze 2.

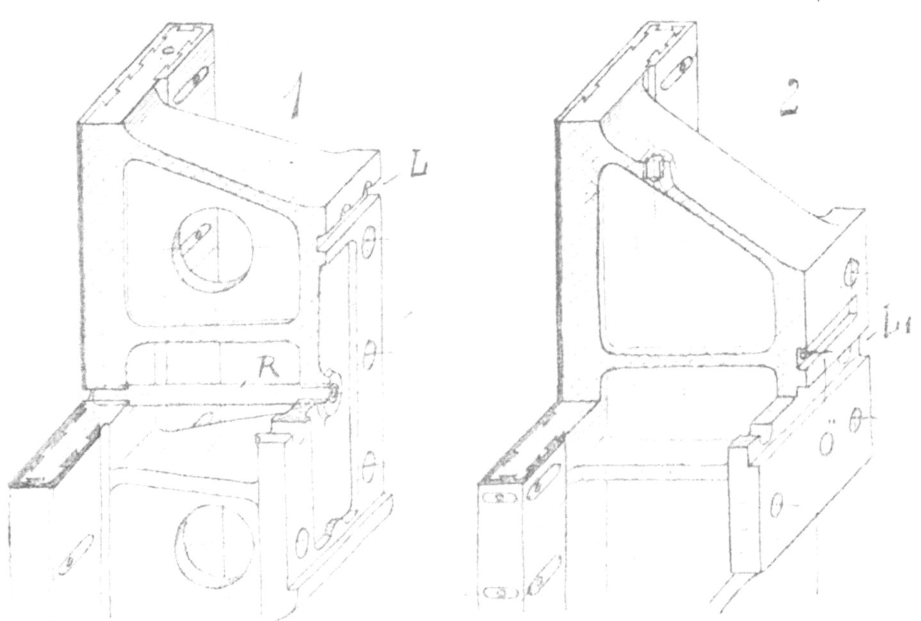

Reihe **R 22.** Skizze 1. Gleitschuh für Dieselmotor, Bauart MAN, 1934. Entlastung der Paßschrauben durch Leiste L und Nase. R = Ölrohr. — Skizze 2. Gleitschuh für Dieselmotor, Bauart AEG, 1935. L_1 = Paßfeder. $Ö$ = Ölbohrung (Skizze 1 u. 2: Aufbauskizzen, vor der Mittelrippe geschnitten.

Organ für die Fortschritte des Eisenbahnwesens[1] veröffentlicht hat. Der Bericht zeigt, aus welchen Erwägungen heraus neue Typenreihen entwickelt werden und wie die Konstruktion im Vereinheitlichungsbüro der Deutschen Lokomotivbauvereinigung und bei den beteiligten Einzelfirmen durchgeführt wird. Auf meine Bitte hin hat mir Abteilungspräsident Dr.-Ing. R. P. Wagner noch einige Einzelteile der neuen Baureihen überlassen, die in den Skizzen *R 25* älteren Ausführungen gegenübergestellt sind. Die Skizzen *a*, *b* u. *d* zeigen die Schwingenkurbeln für den Steuerungsantrieb der äußeren Zylinder, die Skizzen *c* und *e* den Antrieb für die Innenschwinge.

Skizze *a*: Schwingenkurbel der 03, ältere Ausführung. Kurbelzapfen mit Bund; fester Sitz der Schwingenkurbel nach mehrmaligem Lösen nicht mehr gewährleistet.

Skizze *b* und *d*: Schwingenkurbel der 50, neue Ausführung. Lose Scheibe an Stelle des Bundes (Buchsenlager); fester Sitz der Schwingenkurbel auch nach häufigem Lösen mit Sicherheit gewährleistet.

Skizze *e*: Exzenterantrieb der 84, ältere Ausführung. Auf der Treibachse sitzt eine Exzenterscheibe von 610 mm ⌀. Das Exzenter neigt zum Heißlaufen[2].

Skizze *c*: An Stelle des Exzenterantriebes tritt ein Kurbelantrieb. Die hintere Treibachse erhält eine Kröpfung.

Diese Konstruktion ist zwar teurer, aber betriebsicherer.

c) Kreuzköpfe.

Die Bauart der Kreuzköpfe ist von der Anordnung der Führungsflächen (einseitige oder zweiseitige Rundführung, einseitige oder zweiseitige Flachführung), von der Ausbildung des Kreuzkopfzapfens (ein Innenzapfen z. B. nach *R 21/2*, oder zwei Außenzapfen z. B. nach *R 23/3* oder

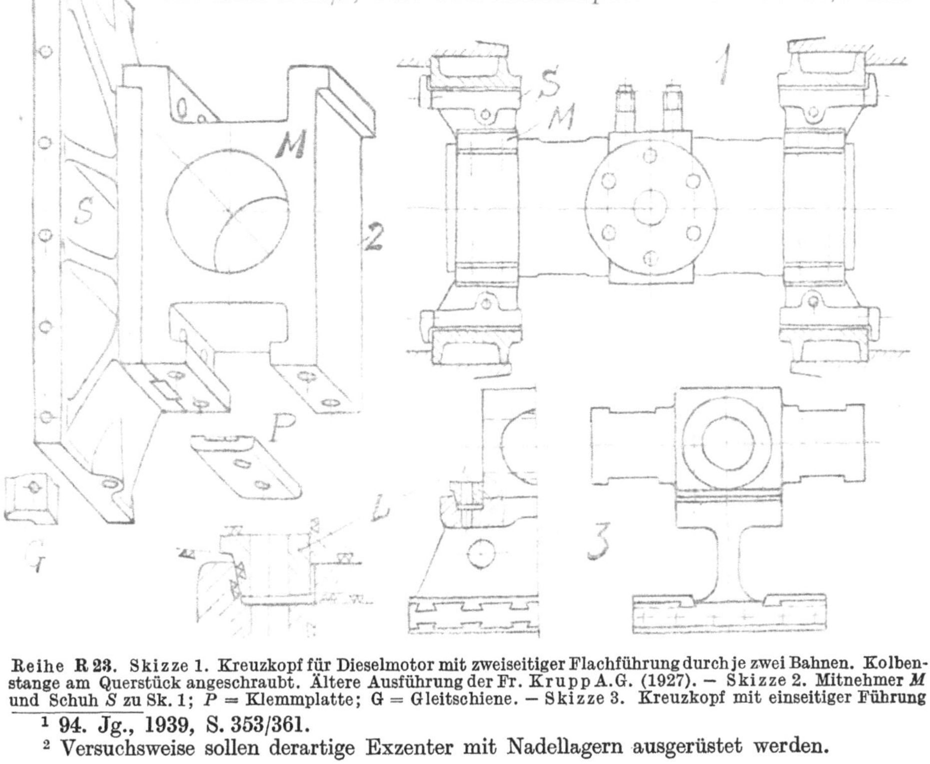

Reihe R 23. Skizze 1. Kreuzkopf für Dieselmotor mit zweiseitiger Flachführung durch je zwei Bahnen. Kolbenstange am Querstück angeschraubt. Ältere Ausführung der Fr. Krupp A.G. (1927). — Skizze 2. Mitnehmer *M* und Schuh *S* zu Sk. 1; *P* = Klemmplatte; G = Gleitschiene. — Skizze 3. Kreuzkopf mit einseitiger Führung

[1] 94. Jg., 1939, S. 353/361.

[2] Versuchsweise sollen derartige Exzenter mit Nadellagern ausgerüstet werden.

Kreuzkopf mit Zapfenlager) und von der Verbindung des Kreuzkopfes mit der Kolbenstange abhängig.

Hier soll zunächst die Wandlung betrachtet werden, welche die Verbindung zwischen Querhaupt und Schuh bei einigen Köpfen für Schiffs-Dieselmaschinen erfahren hat.

Bei *R 23/3* hat das Querhaupt zwei seitliche Zapfen und ist mit dem Schuh verschraubt. Die einseitige Flachführung hat eine untere und zwei obere Gleitflächen. In *R 22* sind 2 Schuhe für einen derartigen Kreuzkopf skizziert. Bei R *22/1* wird die Mitnahme zwischen Kopf und Querhaupt durch eine Keilleiste *L* (vgl. *R 23/3*) und eine Nase gesichert, bei *R 22/2* dient zur Entlastung der Schrauben eine eingepaßte Mittelleiste *L 1*. Die Ölzufuhr für die untere Gleitfläche erfolgt bei *R 22/1* durch ein Rohr *R*, bei *R 22/2* durch eine Bohrung *Ö* in der Mittelrippe.

Die Skizzen *R 23/1* u. *2* zeigen einen älteren Kreuzkopf mit 4 Gleitbahnen und 4 Schuhen. Die Mitnehmer *M* sind mit den Schuhen *S* verschraubt, durch die Nasen an *M* und die Klemmplatten *P* werden die Schrauben entlastet. Bei allen 3

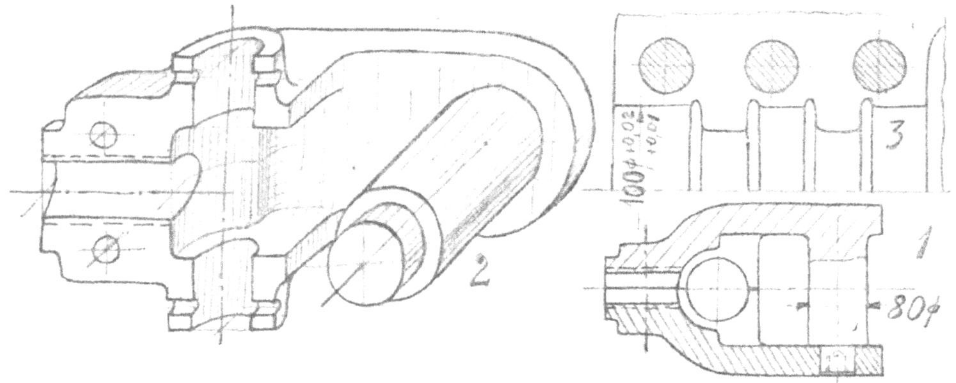

Reihe R 24. Skizze 1 u. 2. Alter geteilter amerikanischer Kreuzkopf (Weltausstellung Philadelphia, 1876). — Skizze 3. Klemmverbindung zwischen Kolbenstange und Kreuzkopf bei einem neuen geteilten Kreuzkopf (vgl. R 21/3).

Schuhformen können die Schuhe nach Lösen einiger Schrauben und Leisten nach unten abgezogen werden, ohne daß der Kreuzkopf selbst ausgebaut zu werden braucht.

In *R 24/1* u. *2* und *R 21/2* u. *3* wurde eine ganz alte und ganz neue Form eines geteilten amerikanischen Kreuzkopfes dargestellt.

Die Zeichnung *R 24/1* ist dem Bericht über die Weltausstellung in Philadelphia entnommen, den Professor Joh. Radinger (Wien) im Jahre 1878 erstattet hat. Die Skizze *R 24/2* ist nach dieser Zeichnung entworfen.

In dem Bericht heißt es: „Der Kreuzkopf ist origineller Konstruktion ... Er ist aus zwei Gußstahlhälften zusammengesetzt, aus deren rückwärtiger der Zapfen in massivem Material hervorragt. Die Vorderhälfte nimmt den Zapfen nochmals auf ...“. An dem gegossenen Zapfen hat der amerikanische Maschinenbau nicht lange festgehalten, aber der geteilte Kreuzkopf nach *R 21/2* wird z. B. bei den neuesten Lokomotiven[1], die mit Triebwerksteilen der Bauart Timken ausgerüstet sind, verwendet.

Die Teilung ermöglicht hier eine neuartige Verbindung der hohlen Kolbenstange mit dem Kreuzkopf.

[1] Vgl. Fußnote 2 auf S. 30.

Die Stange ist mit trapezartigen Ringen versehen, welche in Nuten des Kreuzkopfhalses passen. Durch 6 Schrauben, die auf Grund eingehender Versuche in vorgeschriebener Weise verschieden stark angezogen werden, wird eine Klemmverbindung hergestellt, bei der alle 3 Ringe möglichst gleichmäßig tragen. (Bei der Ausführung nach *R 24/3* haben die Nuten und Ringe rechteckigen Querschnitt.)

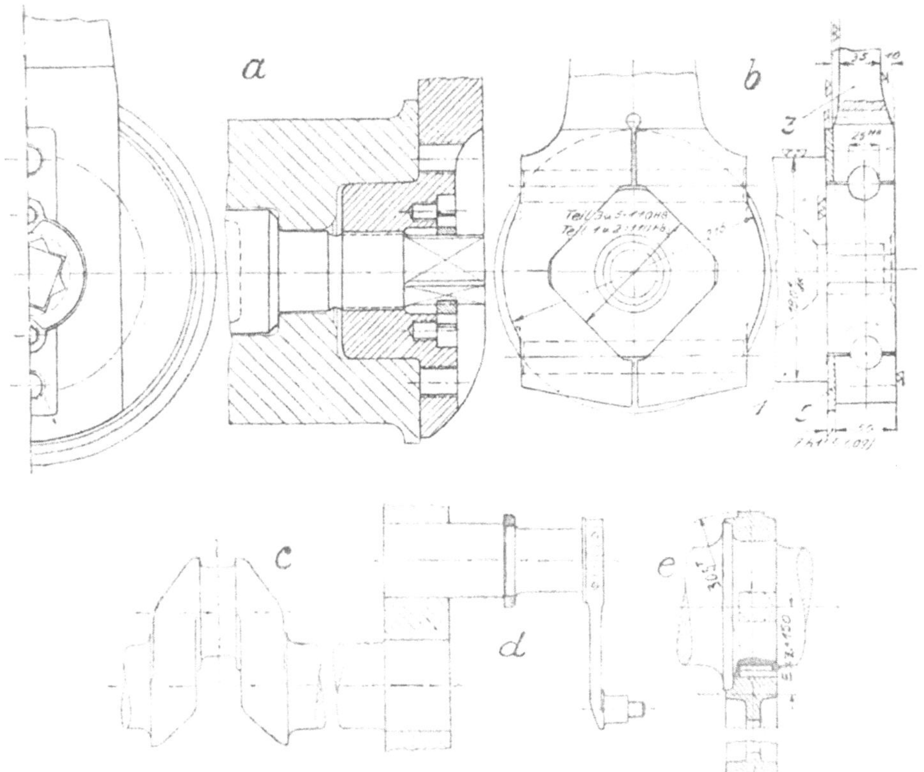

Reihe **R 25**. Skizze *a*. Schwingenkurbel, ältere Ausführung. — Skizze *b* u. *d*. Schwingenkurbel, neue Ausführung. — Skizze *e*. Exzenterscheibe (Hubscheibe) für den Schwingenantrieb, ältere Ausführung. — Skizze *c*. Kröpfung der hinteren Treibachse, neuer Antrieb.

Wir erkennen aus diesen Skizzen drei verschiedene Formen für die Verbindung zwischen Kolbenstange und Kreuzkopf:

1. Kegel mit Querkeil (*R 18/1*)[1], 2. Schraubenverbindung (*R 18/2* u. *3*), 3. Klemmverbindung (*R 21/3* und *R 24/3*).

[1] In *R 18/1* ist die Stelle bei e_1 am meisten gefährdet, und zwar durch die Wirkung der Einspannung, durch die bei Skizze *R 21/1* erwähnten Biegespannungen und durch die Vorspannung und Betriebspannung. Beim Keil läßt sich die Größe der Vorspannung noch schlechter ermitteln und beim Zusammenbau einstellen, als bei der Schraube.

Man muß die Abstände e_1 und e_2 vor dem Eintreiben messen, dann die Werte vorausberechnen, die sich nach dem Eintreiben bei der gewünschten Vorspannung einstellen sollen. Das Eintreiben darf dann nur bis zum Erreichen der berechneten Werte fortgesetzt werden.

Es wurde schon oben gesagt, daß die Keilverbindung zwischen Kolbenstange und Kreuzkopf mitunter durch eine Schraubenverbindung ersetzt wird. In den Skizzen *R 18/2* und *R 18/3* sind zwei neue Konstruktionen dargestellt. In beiden Fällen wird ein Differentialgewinde verwendet, bei *R 18/3* (Kolbenstange eines Dieselmotors) ist außerdem die Mutter als Hals-

Skizze *R 21/1* zeigt den Entwurf zu einem Lokomotiv-Kreuzkopf, bei dem die Kolbenstange mit einem Auge versehen und bei *K* mit Hilfe eines Zapfens befestigt wird. Bei *T* wird die Treibstange eingehängt.

Man führt nämlich manche Dauerbrüche an Kolbenstangen auf kleine Durchbiegungen zurück, welche die Stange ungünstig beanspruchen. Diese Durchbiegungen hängen mit Kippbewegungen des Kreuzkopfes zusammen, welche infolge des Spieles zwischen Kreuzkopfschuh und Führung und infolge des beim Vor- und Rückgang sich bildenden Ölkeiles entstehen. Auch der Umstand, daß bei einseitiger Führung der Schwerpunkt des Kreuzkopfes nicht in der Achse der Kolbenstange liegt, macht sich geltend. Natürlich stehen den Vorteilen dieser Abänderung oder Ablösung auch Nachteile gegenüber. Auch muß das Auge an der Kolbenstange durch die Stopfbüchse hindurchgehen; der Konstrukteur ist also in der Wahl der Abmessungen stark beschränkt.

Sicherungen
— und ihre Sicherung.

Bauteile, die einen Drehhalt gegen Verdrehen oder einen Längshalt gegen Verschieben besitzen, müssen mit Sicherungen versehen werden, die ein Lösen

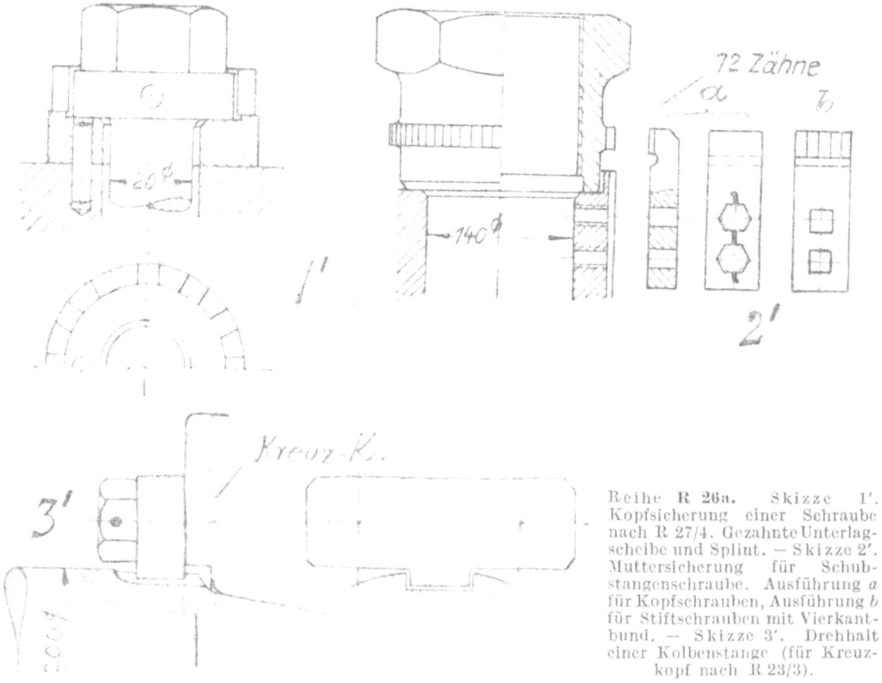

Reihe **R 26a.** Skizze 1'. Kopfsicherung einer Schraube nach R 27/4. Gezahnte Unterlagscheibe und Splint. — Skizze 2'. Muttersicherung für Schubstangenschraube. Ausführung *a* für Kopfschrauben, Ausführung *b* für Stiftschrauben mit Vierkantbund. — Skizze 3'. Drehhalt einer Kolbenstange (für Kreuzkopf nach R 23/3).

mutter ausgeführt (vgl. *R 12*) und der Übergang vom Gewinde zur Stange besonders sorgfältig gestaltet.

Trotzdem heißt es in einem Bericht über schnellaufende Dieselmotoren (Z. VDI. Bd. 83, 1939, S. 342), daß erst der „Übergang auf Kolbenstangen mit nitriertem Gewinde die völlige Betriebsicherheit erbrachte". Man mag daraus erkennen, wie schwierig es ist, den Keil, falls er an seiner Verwendungsgrenze angekommen ist, durch eine bessere Konstruktion zu ersetzen.

oder Lockerwerden der Halteeinrichtungen verhindern. Von besonderer Bedeutung sind die Schraubensicherungen[1]. Der Konstrukteur muß auch dafür sorgen, daß sie Sicherung ein genaues Einstellen der verlangten Vorspannung ermöglicht. Wenn in einer Schraube *M 14* von 100 mm Dehnlänge und 1,5 mm Steigung (vgl. *R 17*) bei der Drehung der Mutter um 30° (Verlängerung $\doteq$ $^1/_{12} \cdot 1500\,\mu$ $= 125\,\mu$) die Vorspannkraft um $\approx$ 4350 kg zunimmt, so ist klar, daß eine Sicherung (z. B. durch Splint und Kronenmutter), die nur die Feststellung nach je 30° Mutterdrehung gestattet, zum Einstellen einer Vorspannkraft von z. B. 2000 kg nicht brauchbar ist.

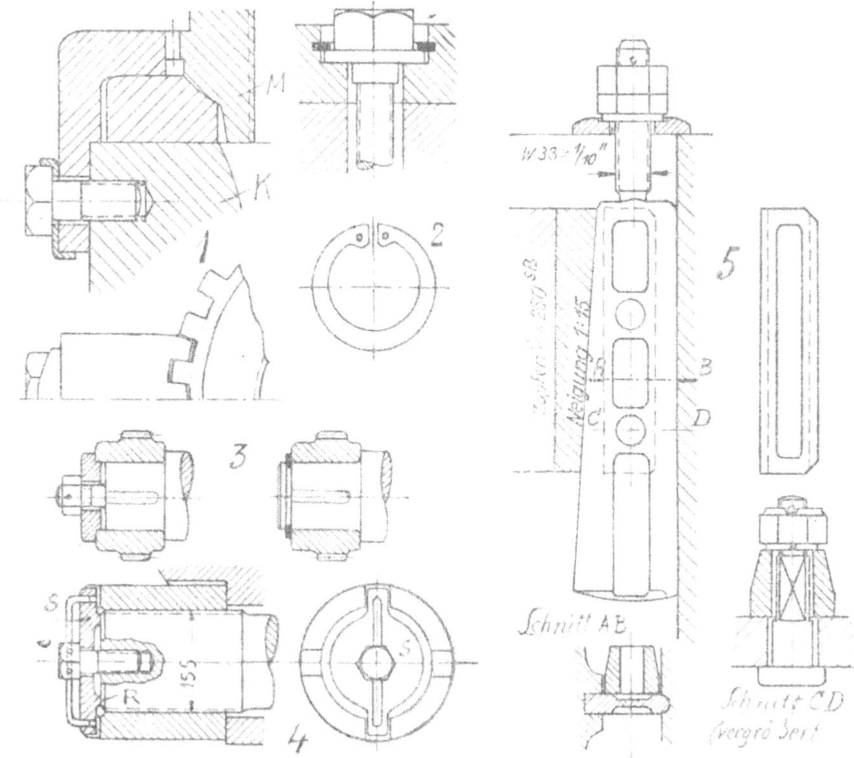

Reihe R 26b. Skizze 1. Sicherung einer Kolbenstangenmutter. *M* = Mutter; *K* = Kreuzkopf. — Skizze 2. Schraubenkopf mit Seeger-Sicherung. — Skizze 3. Längshalt für ein Zahnrad mit Scheibe und Stiftschraube oder mit Seegersicherung. — Skizze 4. Muttersicherung für Schubstangenschraube. Scheibe S und Schraubenendfläche sind bei *R* gerieft. — Skizze 5. Stellkeil zur Treibstange R 20/1. Sicherung durch Klemmbeilage und zwei Schrauben mit Vierkantschaft.

Die Mutter in *R 26a/2'* ist mit 72 Zähnen versehen, so daß man nach 5° Drehung die Mutter feststellen kann. Der gezahnte Gegenhalter *a* ist mit 2 Kopfschrauben befestigt, die aber auch wieder gegen Losdrehen zu sichern sind, z. B. durch einen durchgesteckten Draht oder durch eine am Drehen gehinderte Unterlagscheibe. Verwendet man Stiftschrauben, so versieht man sie mit einem Vierkantbund. Die Platte *b* erhält Vierkantlöcher, die Muttern können durch Draht gesichert werden. Diese Verwendung eines Vierkantes als Drehhalt bei Schrauben zeigen auch die Skizzen *R 26b/5* (Schnitt *CD*) und *R 27/3*. Unter der Kronenmutter bei *R 26b/5*

[1] Sicherung von Ventilkörben siehe *R 56* und *R 73*.

liegt ein Federring; dadurch sichert man kleinere Schrauben mit Splintsicherung vor zu scharfem Anspannen.

Skizze *R 26a/1'* zeigt eine Kopfsicherung mit gezahnter Unterlagscheibe. Der Drehhalt der Scheibe wird vom Kopf verdeckt, kann also nicht herausfallen. Weitere Sicherungen für Schubstangenschrauben sind in *R 26b/4* und *R 14/2* abgebildet. Die Kronenmutter *R 14/2* hat 10 Schlitze, der Bolzen 3 Bohrungen, so daß nach je 12° Drehung gesichert werden kann. Die bekannte Seeger-Sicherung (vgl. S. 36) kann gleichfalls als Schraubensicherung verwendet werden (*R 26b/2*); sie dient dann aber nicht unmittelbar als Drehhalt, sondern als Längshalt (siehe auch *R 26b/3*).

Man beachte auch die Sicherungen bei den Hirth-Wellen, z. B. *R 35/1* (gezahnte Mutter durch Stift, dieser durch Splint gesichert; Kopfsicherung durch Stift) und *R 34/1* (Sechskantrohr zum Anziehen der Schraube, durch Splint gesichert).

Ein gesicherter Drehhalt bei einer Kolbenstange (zu einem Kreuzkopf nach *R 23/3*) ist in *R 26a/3'* skizziert.

Weitere wichtige Aufgaben für den Konstrukteur sind die Dreh- und Längshalte bei Lagerschalen, die Lagensicherungen bei Deckeln, Flanschen usf.

Bei Verbindungen, die häufiger gelöst werden sollen, dürfen die Sicherungen nicht aus kleinen losen Teilen bestehen, die verloren gehen oder beim Zusammenbau vergessen werden können.

Einiges über den Keil.

Der Keil ist eines der ältesten Bauelemente, das der Maschinenbauer wohl vom Zimmermann übernommen hat. Und bis heute hat der Querkeil aus Stahl auch die Formen des Holzkeiles beibehalten. Diese Formen sind übrigens für die Bearbeitung auf den Werkzeugmaschinen, für das Messen und Einpassen nicht günstig. Größere Genauigkeiten lassen sich beim Keil und Keilloch nur durch geeignete Vorrichtungen und Lehren erzielen. Auf den Längskeil und die daraus hervorgegangenen Keilwellen wird im Abschnitt Wellen auf den Querkeil und seine Wandlung auf S. 35 hingewiesen. Die Skizzen *R 27* zeigen einige Formen für Stellkeile.

In Skizze *R 27/1* erfolgt die Nachstellung durch Druckschrauben, in *R 27/2* durch eine Zugschraube.

Die Konstruktion *R 27/3* stammt von einer Reichsbahnlokomotive, Skizze *R 27/4* zeigt einen runden Keil mit gefräster Keilfläche. Zum Nachstellen dienen auf Zug beanspruchte Kopfschrauben (vgl. *R 15*, Sk. 2). Der gedrehte Keil und das gebohrte Keilloch bieten herstellungstechnisch große Vorteile, eignen sich aber nur für kurze Keile.

Bei der Konstruktion *R 26b/5* (gehört zu *R 20/6*) sind Keil und Stellschraube aus einem Stück. Um das Gewicht zu verringern, ist der Keil seitlich ausgefräst. Derartige Keile mit rundem Rücken sind besonders schwierig herzustellen.

Und nun möge noch ein Keil aus einem ganz anderen Konstruktionsgebiet, aus dem Geschützbau, erwähnt werden, der Verschlußkeil eines Geschützes, *R 28*. Dabei kann an ein Wort von Alfred Krupp erinnert werden: „Die Kanone ist eine Maschine“.

Der Verschlußkeil des Geschützes schließt das Rohr *R* nach hinten ab, enthält die Abfeuerungsvorrichtung und nimmt im Augenblick des Abfeuerns den Gasdruck von mehreren tausend Kilogramm pro Quadratzentimeter auf. Beim Öffnen, das mit Hilfe einer Kurbel *2* erfolgt, wirft er die leere Patronenhülse *H* heraus.

Beim halbselbsttätigen Verschluß werden nach Einführen der Patrone alle Bewegungen selbsttätig ausgeführt, wobei die erforderliche Kraft dem Rückstoß entnommen wird. Beim selbsttätigen Verschluß geschieht auch noch das Laden selbsttätig, indem die neuen Patronen aus einem Magazin entnommen werden.

Die vielseitigen Aufgaben des Verschlusses machen ihn zu einem schwierigen Konstruktionsteil. Das Öffnen und Schließen erfordert einen Bewegungsmechanismus, der, wie die Skizzen *B* für einen Schubkurbelverschluß zeigen, aus einer

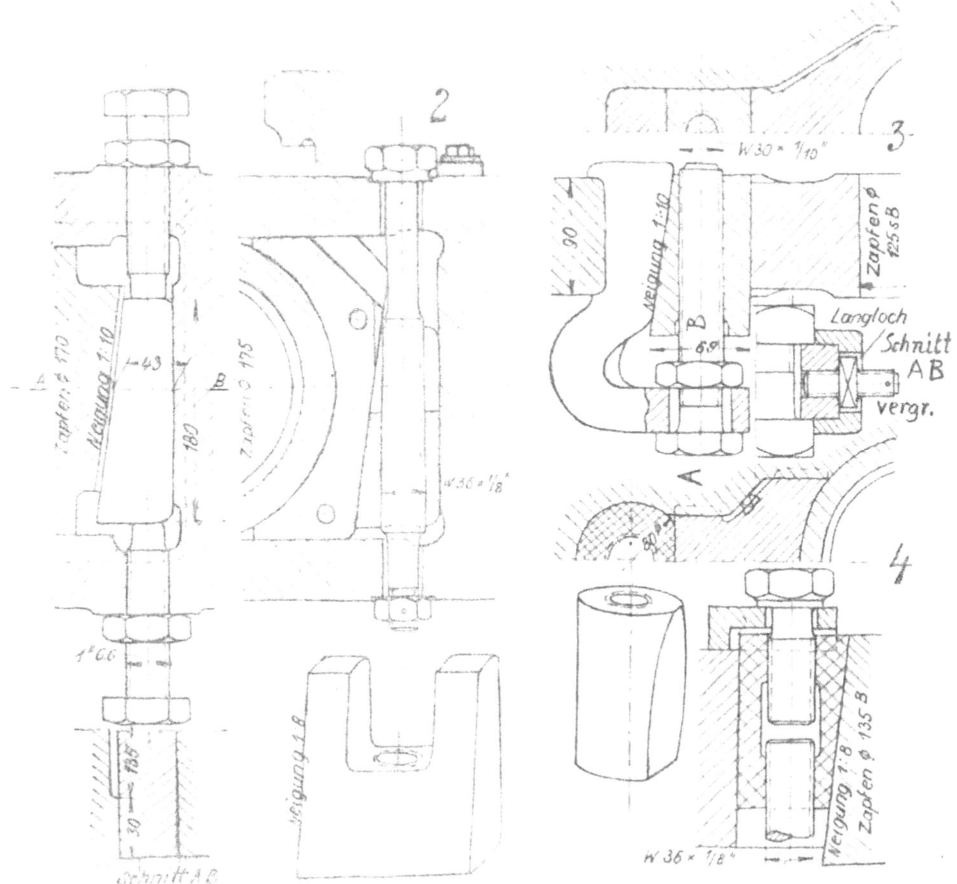

Reihe **R 27.** Skizze 1. Keil und Stellgruppe für einen Kreuzkopf (Gebrüder Sulzer, Winterthur, 1933). — Skizze 2. Keil und Stellgruppe für einen Schubstangenkopf, Kurbelseite. (Bauart A. Borsig, Tegel, 1934). — Skizze 3. Keil und Stellgruppe für eine Lokomotiv-Treibstange, Kreuzkopfende. (Deutsche Reichsbahn.) Sicherung beachten! — Skizze 4. Keil- und Stellgruppe für Schubstange, Kreuzkopfende (A. Borsig, Tegel). Der Keil ist ein Zylinder mit angefräster Keilfläche.

um den Bolzen *1* drehbaren Kurbel *2* bestehen kann, die mit einem Zapfen *3* in ein Gleitstück *4* eingreift, das seinerseits in der Führung *5* des Verschlusses gleitet (Bolzen *1* ist im Rohr *R* befestigt). Die Drehbewegung des Handgriffs hat demnach eine achsiale Verschiebung des Verschlusses zur Folge. Die Führung des Verschlusses bei dieser Bewegung übernimmt die Nut *6*. Im geöffneten Zustand ist der Verschluß so weit nach rechts geschoben, daß das Halbrund *7* genau in Verlängerung der Bohrung des Rohres liegt, damit das Geschütz geladen werden kann.

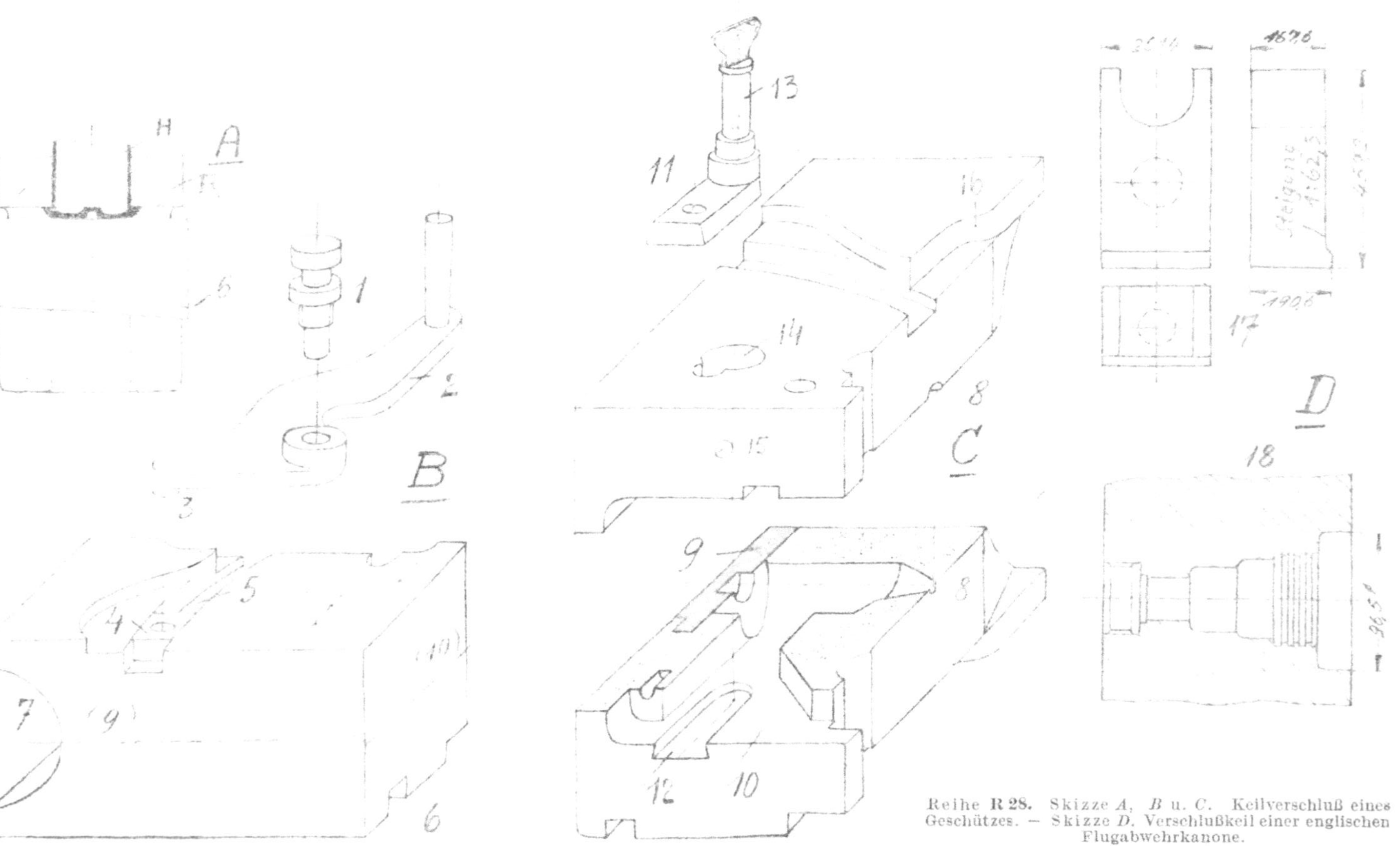

Reihe R 28. Skizze *A*, *B* u. *C*. Keilverschluß eines Geschützes. — Skizze *D*. Verschlußkeil einer englischen Flugabwehrkanone.

Im Inneren des Keiles (Skizzen C) befindet sich die Abfeuerungsvorrichtung. Die Spitze des Schlagbolzens liegt in der Öffnung *8*.

Ist der Verschluß geschlossen, so befindet sich die Spitze des Schlagbolzens gegenüber der Zündschraube im Boden der Patronenhülse *H*. Der Schlagbolzen ist ein Teil der Abfeuerungsvorrichtung, zu der außerdem die Abzugvorrichtung gehört. Zur Vermeidung von Unfällen ist die Abfeuerungsvorrichtung so gebaut, daß der Schlagbolzen erst durch die Betätigung des Abzuges gespannt und unmittelbar danach ausgelöst wird. Der Einbau des Schlagbolzens mit Gehäuse und Feder geschieht nach Abnehmen der Schlagfederstützplatte *9*, auf die sich die Schlagfeder abstützt. Der Abzug, der außen den Handgriff trägt, wird seitlich durch die Aussparung *10* eingebaut. Die Achsen, um die sich der Abzugshebel und der Spannhebel, der die Drehung des Abzugshebels auf das Schlagbolzengehäuse überträgt, dreht, befinden sich zusammen auf der Abzughebelplatte *11*, die in die Nut *12* paßt und zwar so, daß die Achse des Spannhebelbolzens *13* mit der Achse der Bohrung *14* zusammenfällt.

Durch mechanische Mittel muß erreicht werden, daß der Abzug nicht betätigt werden kann, solange der Verschluß nicht vollkommen geschlossen ist. Der Abzug wird deshalb durch einen Sicherungsbolzen erst freigegeben, wenn sich die Verschlußkurbel in der Endlage befindet. Eine weitere in die Bohrung *15* einzubauende Sicherung verriegelt durch Drehen eines Sicherungsgriffes den Abzug und den Verschluß.

Beim Öffnen des Verschlusses nach dem Schuß gleitet der Verschluß an einem Auswerfer entlang, bis dessen Ansätze an die Führungen *16* des Verschlusses stoßen, bei der weiteren Bewegung des Verschlusses mitgenommen und um die Auswerferachse gedreht werden. Die Auswerferarme, die den Hülsenboden umfassen, ziehen dabei die leere Hülse heraus.

Die Konstruktion dieses zu einer alten österreich-ungarischen Feldkanone[1] gehörenden Verschlusses läßt erkennen, daß früher die Verschlüsse vorwiegend Handarbeit waren. Bei neuzeitlichen Geschützen ist durch das Streben, die Fertigung zu vereinfachen und dadurch zu beschleunigen, ein erheblicher Wandel im konstruktiven Aufbau festzustellen. Die Bearbeitung umfaßt das Schmieden, Hobeln, Stoßen, Bohren und Schleifen und zum Schluß erfolgt lediglich ein Verputzen von Hand. Die Abmessungen werden durch Lehren auf Maßhaltigkeit geprüft, so daß der Zusammenbau zum Schluß nur aus dem Einbau der austauschbar gefertigten Einzelteile besteht. Der Keil als solcher (und die Schubkurbel) wurde aber auch bei den neuesten, halbselbsttätigen Flugabwehrkanonen beibehalten. Die Skizzen *D* sind dem erwähnten Bericht über die englischen Kanonen entnommen. Skizze 17 zeigt den vorbearbeiteten Verschlußkeil für ein 11,4 cm-Geschütz, und Skizze 18 die Bohrung für das Schlagbolzengehäuse.

Das Öffnen des Verschlusses erfolgt selbsttätig beim Zurücklaufen des Rohrs nach dem Schuß durch Zahnstange und Zahnrad. Soll der Verschluß durch die Kurbel geöffnet werden, muß eine Handfalle im Handgriff eingedrückt werden, um den Handgriff mit dem Verschluß zu kuppeln.

Wenn wir auch hier nach der Wandlung des Keiles fragen oder nach den Baukörpern, welche den Keil ablösen, so treffen wir wieder auf die Schraube, auf den mittigen und außermittigen Schraubenverschluß.

---

[1] Die Skizzen *A* bis *C* sind nach dem Buch Korzen-Kühn, Waffenlehre, Wien 1909 entworfen. Die Skizzen *D* stammen aus einem Bericht über die Fertigung englischer Flugabwehrkanonen (Z. VDI, Bd. 84, 1940, S. 78) von Flieger-Oberstabsingenieur Dr.-Ing. A. Kuhlenkamp, dem ich für seine Mitarbeit an diesen Ausführungen über den Verschlußkeil bestens danke.

Der Schwalbenschwanz und seine Wandlung.

Auch den Schwalbenschwanz verdankt der Maschinenkonstrukteur dem Zimmermann, namentlich dem Kunstmeister der Bergwerke, der aus Holz wundervolle Gestänge, Fahrten und Wasserräder gebaut hat. Aber während der Konstrukteur aus dem Schwalbenschwanz die Hammerkopf- und Klammerkopfverbindung entwickelt hat, ist der Zimmermann den umgekehrten Weg gegangen — die Umklammerung eines stärkeren Balkens durch zwei schwächere ist ein uraltes Bauelement.

Beginnen wir mit zwei „historischen" Skizzen! Eine davon (*R 29/1*) stammt von Nasmyth (1839) die andere (*R 29/2*) von Alfred Krupp (1861).

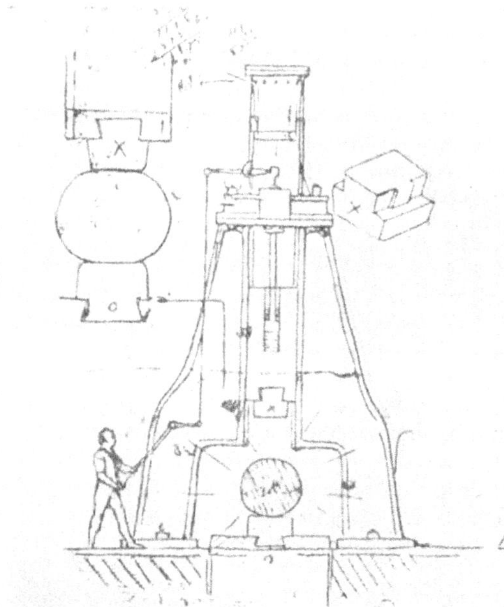

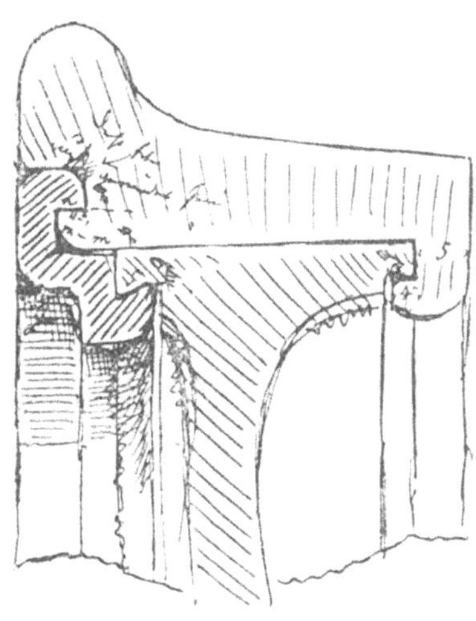

Reihe R 29. Skizze 1. Nasmyths erste Skizze zu seinem Dampfhammer (1839). Ausschnitt. — Skizze 2. Befestigung von Gußstahlreifen auf Eisenbahnrädern (Ausschnitt). Skizze von Alfred Krupp, 14. Februar 1861.

Eine besondere Bedeutung hat der Schwalbenschwanz in den letzten 30 Jahren im Dampfturbinenbau bei der Befestigung der Schaufeln in achsial beaufschlagten Laufrädern erlangt. Die Skizze *R 30/1* zeigt eine Laufschaufel mit Schwalbenschwanz aus dem Jahre 1908. Mit zunehmender Schaufellänge und zunehmender Raddrehzahl machten sich zwei Nachteile des Schwalbenschwanzes stärker bemerkbar, nämlich die Spreizwirkung[1] auf die Radkopfwangen und der Umstand, daß der kleinste, eingeschnürte Schaufelquerschnitt auf Zug (durch die Fliehkraft) und Biegung (durch Dampfdruck, Schwingungen usw.) beansprucht wird.

Die Schaufel *R 30/2* zeigt bereits bemerkenswerte Verbesserungen. Der Kraftfluß ist günstiger, der kleinste Querschnitt ist nicht mehr auf Biegung beansprucht

[1] So lange nur federnde Formänderungen auftreten, wird der Sitz durch die Spreizwirkung fester. Treten aber, namentlich bei hohen Temperaturen, bleibende Verformungen auf, so wird die Schaufel locker. Es sei schon jetzt auf Skizze *R 38/8* verwiesen, bei welcher der Schaufelfuß den Radkranz umklammert (Klammerschaufel).

In beiden Fällen handelt es sich um einen „echten" Schwalbenschwanz mit Keilwirkung. Bei der Klammerschaufel (mit „Tannenbaum") nach Skizze *R 31/2* ist zwar die Schwalbenschwanzform beibehalten, aber ohne Keilwirkung. (Vgl. auch *R 79.*)

und der Querschnitt an der Einspannstelle wird durch hochgezogene Füllstücke, die bis zur Linie *BB* reichen, verstärkt. Diese Einspannung des Schaufelfußes zwischen je zwei Füllstücken wird allerdings nur bei einer sehr genauen Fertigung voll wirksam werden; einen Teil der Biegebeanspruchung werden die Bandagen, die um die Schaufelenden gelegten Verbindungsbänder, aufnehmen müssen.

Aber die Schaufeln werden immer länger und schwerer, die Umfangsgeschwindigkeit nimmt zu, die Fliehkräfte und damit die Spreizwirkungen des Schwalbenschwanzes auf den Radkopf wachsen. Damit war die Zeit für die Ablösung des Schwalbenschwanzes und seinen Ersatz durch den Hammerkopf gekommen.

In *R 30/3* ist eine Hammerkopfschaufel aus dem Jahre 1928 skizziert, die auch in anderer Beziehung wichtige Änderungen aufweist. Es ist eine füllstücklose Schaufel, bei der die Tragflächen in der Umfangsrichtung vergrößert und damit die

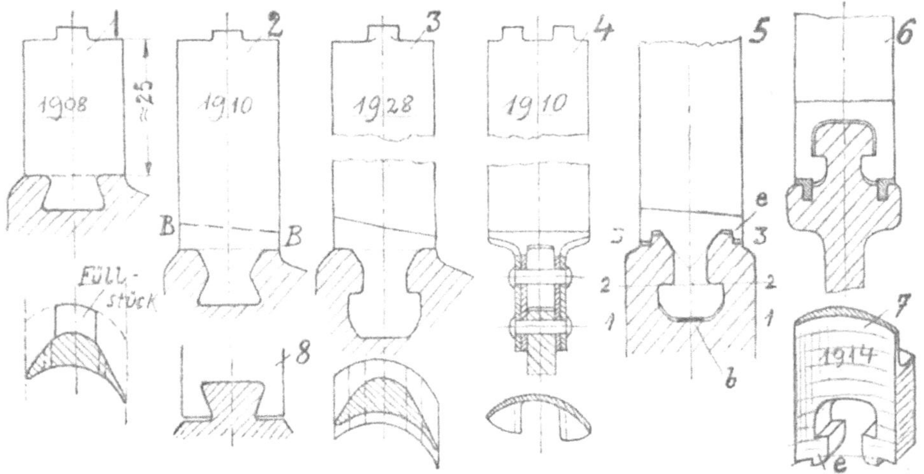

Reihe **R 30.** Skizze 1 bis 8. Gestaltung von Schaufelfüßen. (Die Spiele bei *3—3*, Skizze 5 und die entsprechenden Spiele in Skizze 6 sind übertrieben gezeichnet.

Einspannung verbessert ist. Um das Gewicht zu verringern, kann die Schaufel verjüngt werden[1].

Aus der Umkehrung des Hammerkopfes entsteht die Klammerkopfschaufel[2]

[1] Hier soll nur auf den Schaufelfuß eingegangen werden, nicht auf die Schaufel selbst. Die ganze Schaufel ist das Ergebnis einer Gemeinschaftsarbeit, bei der die verschiedenen Forderungen des Konstrukteurs, des Strömungstechnikers, des Fertigungstechnikers, des Versuchsingenieurs und des Werkstofferzeugers in Einklang zu bringen sind. Namentlich bei Gasturbinen sind die Werkstofffragen entscheidend (Zunderbeständigkeit, Warmzerreißfestigkeit, Dauerstandfestigkeit). Es sei hier auf die Herstellung einer verjüngten und außerdem verwundenen Überdruckschaufel, Bauart AEG, verwiesen, bei der streng darauf geachtet wurde, daß die Linie, welche die Schwerpunkte der Schaufelquerschnitte verbindet, eine senkrecht zur Wellenachse stehende Gerade ist. Vgl. Dr. techn. E. h. Professor E. A. Kraft, Die neuzeitliche Dampfturbine, Berlin, VDI-Verlag und das Werk des gleichen Verfassers „Die Dampfturbine im Betrieb“, Verlag Julius Springer, 1935. Dies ist eines der ganz wenigen Bücher, in denen ein hervorragender Konstrukteur und Leiter eines der größten Turbinenwerke alle Fragen behandelt, die für die Errichtung, den Betrieb und die Wartung von Dampfturbinen wichtig sind. Prof. Kraft will damit alle am Bau und Betrieb von Turboanlagen Beteiligten „Hersteller und Kraftwerke, unbeschadet gelegentlicher sachlicher Gegensätzlichkeiten zu vertrauensvoller Gemeinschaftsarbeit ermuntern“.

[2] Die Unterlagen zu den Skizzen *30/4*, *6* u. *7* habe ich von Herrn Oberingenieur Paul Kaehler, Berlin, erhalten. Es handelt sich um Konstruktionen der Bergmann-Elektrizitätswerke AG.

(*R 30/7*), die sich auch unmittelbar aus dem Schwalbenschwanz *R 30/8* ableiten läßt. Sie umklammert den Radkranz und besitzt als Neuerung Fortsätze *e*, die in Nuten des Radkopfes eingreifen, bei der Betriebsbelastung sich gegen die Nutwände legen, das Ausweichen der Fußwangen nach außen verhindern und einen mit steigender Belastung sich verstärkenden Klemmsitz herbeiführen[1]. Eine weitere Verbesserung, welche auch die Herstellung und den Einbau erleichtert, hat der Klammerkopf durch die Ausführung nach *R 30/6* erhalten. Hierbei sind in die Nuten des Radkopfes Klemmstreifen *g* eingesetzt. Das Aufschieben der Schaufeln bis zur Sitzstelle erfolgt leicht, ohne Reibung; dann werden die Klemmstreifen in achsialer Richtung eingedrückt und dadurch eine Klemmung in achsialer und radialer Richtung bewirkt. (Eine Umklammerung der Radscheibe zeigt auch die Reiterschaufel, Skizze *R 30/4*, deren Fuß zwar nicht aus dem Schwalbenschwanzfuß entstanden ist, die aber als Vorläuferin der Klammerkopfschaufel hier erwähnt werden soll. Bei der dargestellten, älteren Ausführung sind Schaufel und Füllstück aus Blech gepreßt und mit dem Radkopf durch Nietung verbunden. Bei höher beanspruchten Schaufeln und verbesserter Form wurden füllstücklose Reiterschaufeln verwendet.)

Reihe **R 31.** Skizze 1. Geschweißte Ankernabe, Siemens-Schuckertwerke AG. Doppelter Schwalbenschwanz. — Skizze 2. Tannenbaum-Fuß für eine Turbinenschaufel.

Eine weitere Wandlung, die der Schwalbenschwanz erfahren hat, ist seine mehrfache Anwendung, entweder neben- oder übereinander. Einen doppelten Schwalbenschwanz bei einer Ankernabe (Siemens-Schuckertwerke AG.) zeigt Skizze *R 31/1*, einen sog. „Tannenbaum" (von einem Turbinenrad mit achsial eingeführten Schaufeln) die Skizze *R 31/2*.

Mit der Zahl der Paßflächen wächst natürlich, ähnlich wie beim Schraubengewinde, die Schwierigkeit, alle Flächen gleichmäßig an der Kraftübertragung zu beteiligen. Bei Schwingungsbeanspruchung wird man daher auch hier für Vorspannung sorgen müssen. (Es sei auch noch auf die Polbefestigungen in Rechteckklauen und Rundlochklauen verwiesen.)

[1] Diese Fortsätze *e* lassen sich auch beim Hammerkopf verwenden, Skizze *R 30/5*. Die Verspannung des Kopfes kann durch Beilagen *b* herbeigeführt werden. Der Sitz des Kopfes bei *1—1* und *2—2* wird fester, bei *3—3* lockerer.

Wellen.

Werkstoffsparen — Wellenwerkstoff sparen!

Auf der wissenschaftlichen Herbsttagung des VDI in Düsseldorf 1937 hat Dr.-Ing. E. Flatz, Direktor der Klöckner-Humboldt-Deutz AG., einen Vortrag über Werkstoffsparen im Maschinenbau gehalten[1]. In der Zusammenfassung heißt es: „Leistungssteigerung und Schnellauf, Leichtbau, Aufteilung in kleinere Einheiten, vergleichende Prüfung aller Einzelteile, geschickte Verwertung neuer Baustoffe, spanlose Formung, Oberflächenschutz und sparsame Betriebsführung sind einige wesentliche Abschnitte auf dem Wege zu unserer Rohstofffreiheit und zur führenden Stellung des deutschen Maschinenbaues".

In dem Vortrag wurde auch eine ältere und neuere Konstruktion für eine Schaufelradwelle gezeigt. Auf meine Bitte hat mir Dr.-Ing. E. Flatz die Einbauzeichnungen überlassen, nach denen die Skizzen *R 32/1* und *R 32/2* angefertigt sind[2].

Bei der älteren Bauart (1932) ist die Welle 240 mm lang und mit einer Reihe von Paßstellen für die Lager und die aufgekeilten Räder versehen. Der Bund hat einen Durchmesser von 22 mm, so daß eine beträchtliche Zerspanungsarbeit zu leisten ist (Fertiggewicht $\approx$ 30 vH. des Rohgewichtes).

Werkstoff: nicht rostender Stahl.

Die neue Welle (1940) aus St 50.11, hartverchromt, ist nur 175 mm lang und völlig glatt. Die Herstellungskosten der Welle sind um mehr als 90 vH. gesunken.

Das Schaufelrad ist aufgeschrumpft.[3]

Die Herstellung eines Kegelsitzes für Räder nach *R 32/1* ist zeitraubend und führt zu langen Wellen. Dies zeigt auch Skizze *R 61/1*, gleichfalls von der Klöckner-Humboldt-Deutz AG. (vgl. S. 75). Bei der Bauart nach Skizze *R 61/2* wurden diese Wellen völlig beseitigt. Die Flügel haben eine durchlaufende Hohlwelle erhalten, die Zahnräder *Z* sind mit den Naben verschraubt. Die eben erwähnten einschneidenden Änderungen werden nicht immer möglich sein[4]. Aber auch mit einfacheren Mitteln lassen sich bei Wellen die Länge oder die Spanmengen verringern. So zeigt *R 26/3* die Verwendung einer Seegersicherung bei einem Zahnrad, wodurch der Wellenabsatz für die Schraube, die Mutter und Scheibe erspart wird. In geeigneten Fällen kann man durch Seegersicherungen und einen genau passend gedrehten Ring auch einen Wellenbund ersetzen (*R 32/3*).

Natürlich können Fälle vorkommen, wo gerade das Zerspanen, das Herausdrehen aus dem Vollen, die bessere Lösung darstellt. In Skizze *R 33/2* ist eine Nockenwelle gezeichnet, bei der ein Nockenbündel auf die Welle aufgeschoben ist. Die Nockenwelle *R 33/1* aber ist aus dem Vollen herausgearbeitet, der Lagerdurchmesser von 70 mm ist größer als der größte Nockendurchmesser. Während die erste Welle in zweiteilige Lager eingelegt werden muß, kann die zweite Welle einteilige Lagerbuchsen erhalten. Gerade dieses Beispiel läßt auch erkennen, daß die Tätigkeit des Konstrukteurs oder des mit der Gesamtplanung betrauten Ingenieurs durch die Herausgabe der Zeichnung in die Werkstätte nicht abgeschlossen ist — zu der Nockenwelle *R 33/1* gehören eine Reihe von Bearbeitungseinrichtungen und Bearbeitungsmaschinen, die in einer besonderen Abteilung entworfen und im eigenen

---

[1] Z. VDI. 1937, S. 1481/85.

[2] Auch die Unterlagen zu den Skizzen *R 33*, *R 43*, *R 44*, *R 50*, *R 61* und *R 62* verdanke ich Herrn Dr.-Ing. E. Flatz.

[3] Über „Berechnung einfacher Preßsitze" und die Rutschkraft in Umfangsrichtung und Längsrichtung siehe Dr.-Ing. O. Kienzle, Werkstattstechnik 1938, S. 468 u. 552.

[4] Vgl. auch die Wellen bei *R 80*, S. 95.

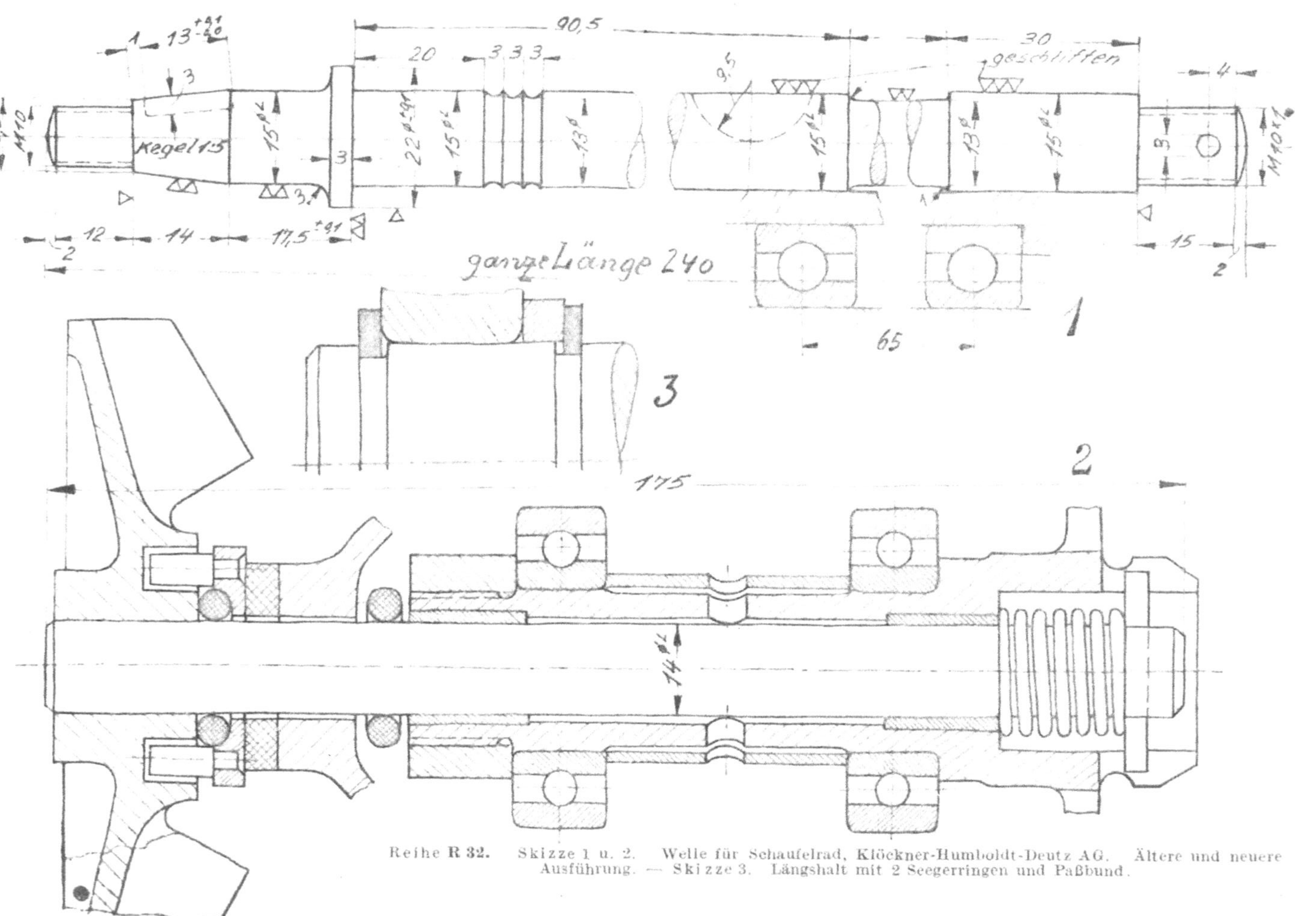

Reihe **R 32.** Skizze 1 u. 2. Welle für Schaufelrad, Klöckner-Humboldt-Deutz AG. Ältere und neuere Ausführung. — Skizze 3. Längshalt mit 2 Seegerringen und Paßbund.

Werk hergestellt wurden. Natürlich sind derartige Fertigungseinrichtungen nur möglich, wenn große Stückzahlen zu liefern sind[1]. Dieses Ineinandergreifen der Konstruktion und Fertigung zeigen auch die im nächsten Abschnitt behandelten Wellen.

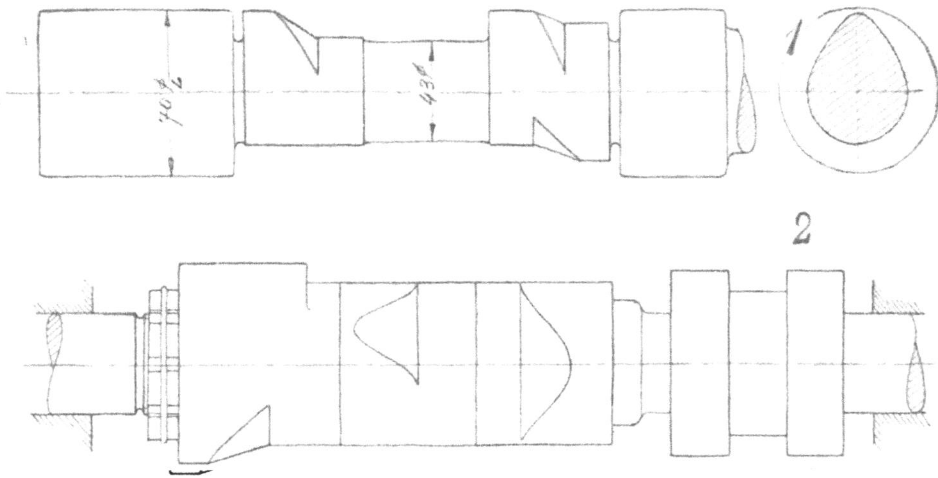

Reihe **R 33.** Skizze 1. Nockenwelle der Klöckner-Humboldt-Deutz AG.; neue Ausführung. – Skizze 2. Nockenwelle mit aufgesetzter Nockengruppe, ältere Ausführung.

Keilwellen, Hirth-Stirnverzahnung, „K“-Profil.

Die Entwicklung von der Welle mit einem Keil zur Keilwelle (Vielkeil- oder Sternkeilwelle) soll hier nicht geschildert werden, obwohl es sich lohnt, den Zusammenhängen zwischen Konstruktion und Normung, zwischen der Normung, den Werkzeugen zum Bearbeiten und Messen und endlich den Beziehungen zwischen dem Wellenkonstrukteur, dem Werkzeugmaschinenkonstrukteur und dem Wellenverbraucher nachzugehen. Die konstruktive Entwicklung der Keilwellen wurde vorläufig abgeschlossen durch die Maßnormung (DIN 5461 usw.) und die Normung der Toleranzen. Hier sollen zwei neue Elemente zur Verbindung von Wellen mit Rädern, Flanschen, Kurbeln usw. besprochen werden, die Hirth-Stirnverzahnung der Albert Hirth AG., Stuttgart-Zuffenhausen und das K-Profil von Ernst Krause & Co., Wien.

Hirth-Stirnverzahnung. Skizze *R 34/1* zeigt die Verbindung zwischen einer Schneckenwelle und einem Zahnrad. In die Stirnflächen der beiden Teile ist eine (aus Skizze *R 34/2* ersichtliche) radiale Verzahnung gefräst. Ein Gewindebolzen, der nur auf Zug beansprucht ist, preßt die Werkstücke zusammen, ein Sechskantrohr dient zum Anziehen und Sichern der Schraube. Beim Zusammenspannen bewirkt die Keilform der Kronenzähne das Zentern der Wellen. Das Drehmoment wird von den Flanken der Zähne aufgenommen, die genau aufeinander liegen und über die ganze Länge tragen müssen. Zahnform und Maße der Zähne sind genormt.

Die Verzahnung wird mit Hilfe von Sonderfräs- und Schleifmaschinen, Vorrichtungen und Lehren angefertigt, welche die Albert Hirth AG. entwickelt hat.

[1] Hier sei noch auf die gegossenen Nockenwellen verwiesen.

Die Skizze *R 34/1* läßt auch erkennen, daß man die geteilte Getriebewelle aus zwei verschiedenen, dem Verwendungszweck angepaßten Werkstoffen herstellen und daß man sie in ungeteilte Lager einbauen kann.

Besondere Bedeutung hat die erwähnte Verzahnung für den Bau von Kurbelwellen erhalten.

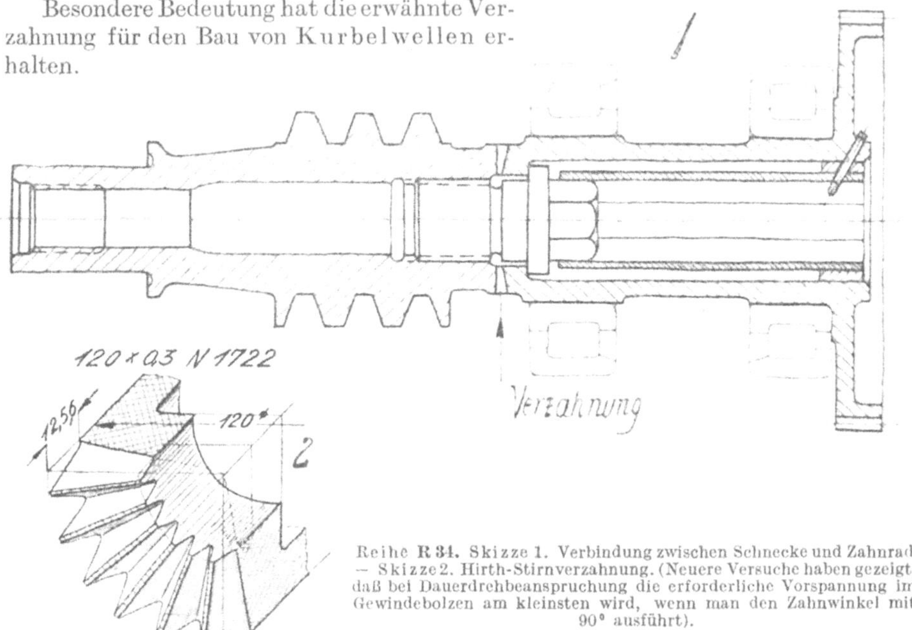

Reihe R 34. Skizze 1. Verbindung zwischen Schnecke und Zahnrad — Skizze 2. Hirth-Stirnverzahnung. (Neuere Versuche haben gezeigt, daß bei Dauerdrehbeanspruchung die erforderliche Vorspannung im Gewindebolzen am kleinsten wird, wenn man den Zahnwinkel mit 90° ausführt).

Die Rollenlager-Kurbelwelle nach Patenten Dr. Albert Hirth ermöglicht es, ungeteilte Wälzlager und ungeteilte Pleuelstangen zu verwenden. Man erhält dadurch eine gedrängte und gewichtsparende Bauart. Die Kurbeln sind einfache Gesenkschmiedeteile, die durch richtige Formgebung höchste Festigkeit bei geringstem Gewicht erhalten.

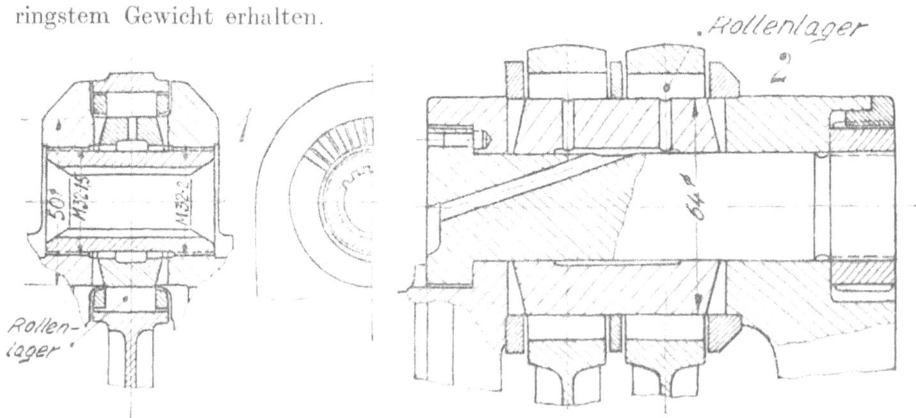

Reihe R 35. Skizze 1 u. 2. Hirth-Rollenlager-Kurbelwellen.

Die Kurbelzapfen und Lagerzapfen sind rohrförmige Teile, die sich gut härten und schleifen lassen und die jederzeit austauschbar sind.

Aus den Skizzen *R 35* und *R 36* ergibt sich, wie man den Kurbelzapfen mit dem Kurbelschenkel verbinden kann. Bei der Welle nach *R 36*/1 (6-Zyl.-Kraftwagenmotor, 72 ⌀, 104 Hub, n = 5000, Baujahr 1928) werden die mit Verzahnung versehenen Kurbeln und die verzahnten Zapfen durch einen Gewindebolzen mit Mutter zusammen gepreßt. Skizze *R 35/2* zeigt eine ähnliche Verbindung für einen 8-Zyl.-Feldbahnmotor (90 ⌀, 115 Hub, n = 1500) mit zwei Pleuelstangen je Kröpfung. Bei einem Rennwagenmotor (Baujahr 1936) war der Hub so gering (75 mm), daß die bisher gezeigte Konstruktion nicht verwendet werden konnte. Die Kurbeln, welche durch zwei Schrauben miteinander verbunden sind, haben verzahnte, zylindrische Ansätze von der Länge des halben Kurbelzapfens (Skizze *R 36/2*) erhalten.

Bei der Ausführung nach Skizze *R 35/1* (6-Zyl.-Sportwagenmotor, 72 ⌀, 81,8 Hub, n = 6000, Baujahr 1938) wird ein Gewindebolzen mit Differentialgewinde verwendet. Der Bolzen ist innen genutet; ein außen genuteter Dorn kann eingesetzt und der Bolzen mit einem Sonderschlüssel gedreht werden. Auch Kurbelwellen für Sternmotoren können mit Hirth-Stirnverzahnung versehen werden. Von weiteren Anwendungen seien noch genannt die Hirth-Naben für Holzluftschrauben.

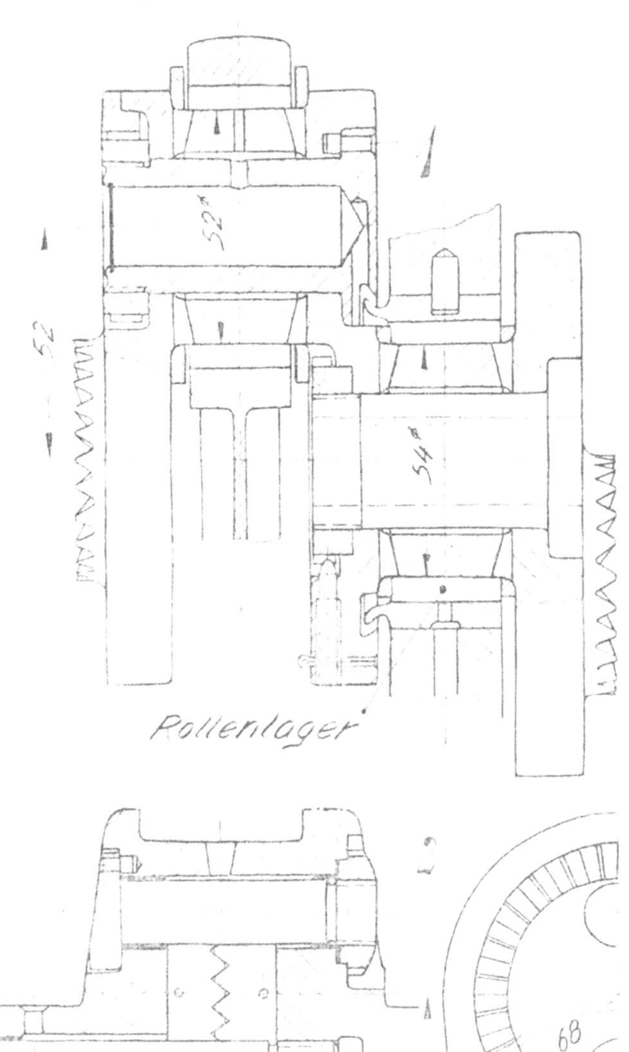

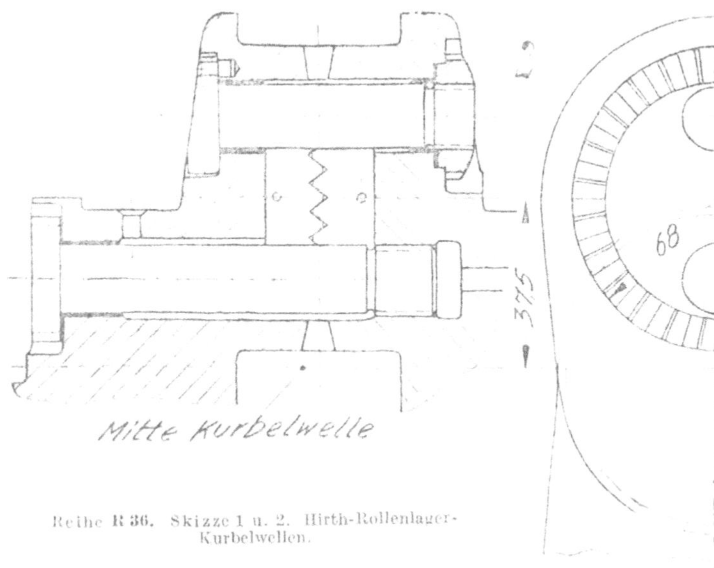

Reihe R 36. Skizze 1 u. 2. Hirth-Rollenlager-Kurbelwellen.

K-Profil. Die Werkzeugmaschinenfabrik Ernst Krause & Co., Wien, hat eine Schleifmaschine geschaffen, die ein durch gerade Linien und Kreisbogen begrenztes Profil zu erzeugen vermag. Dieses neue Profil trägt die Bezeichnung

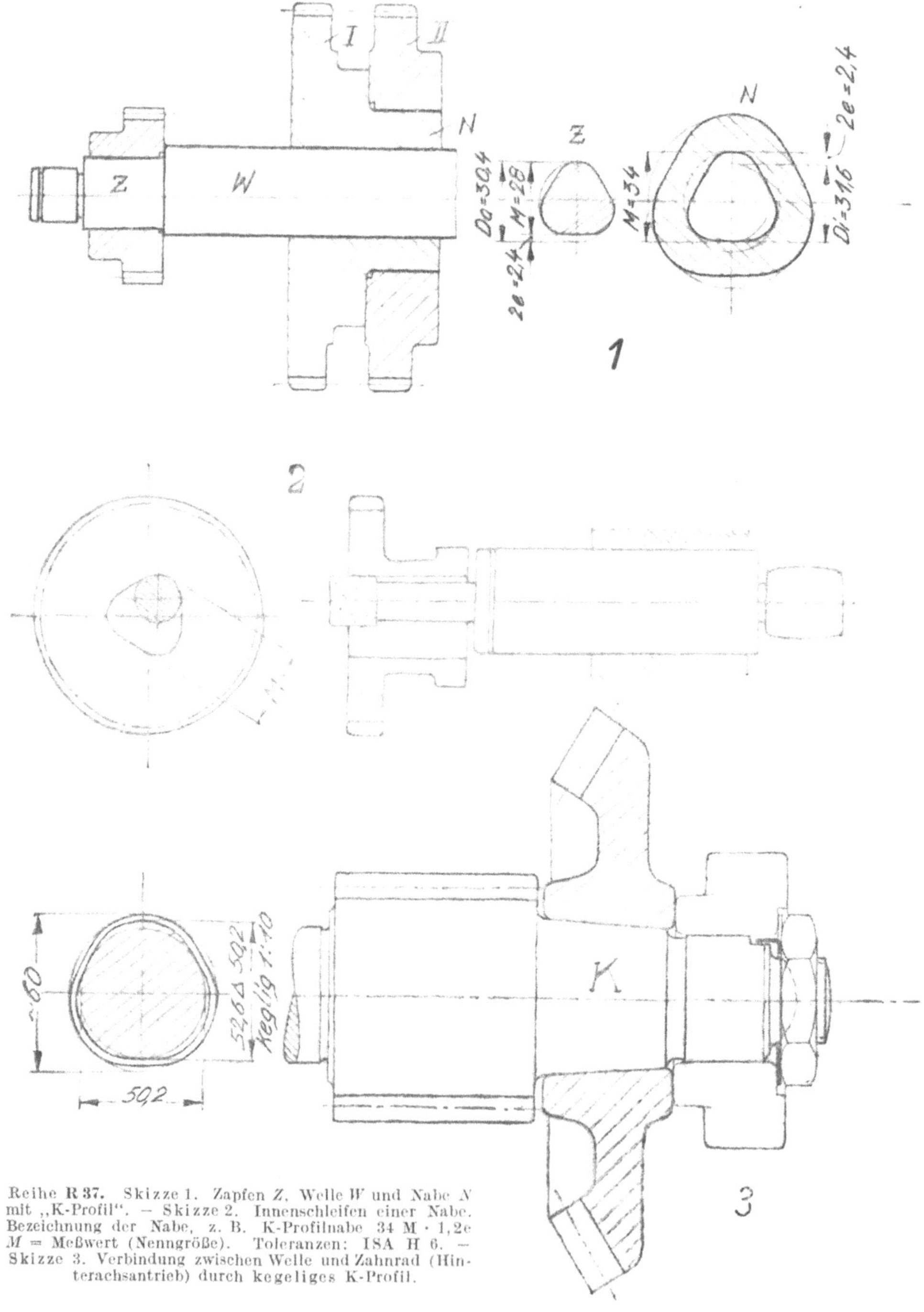

Reihe **R 37.** Skizze 1. Zapfen Z, Welle W und Nabe N mit „K-Profil". – Skizze 2. Innenschleifen einer Nabe. Bezeichnung der Nabe, z. B. K-Profilnabe 34 M · 1,2e M = Meßwert (Nenngröße). Toleranzen: ISA H 6. – Skizze 3. Verbindung zwischen Welle und Zahnrad (Hinterachsantrieb) durch kegeliges K-Profil.

„K-Profil". Es wird für Wellen durch Außenschleifen, für Bohrungen durch Innenschleifen (Skizze *R 37/2*) erzeugt. Bei großer Stückzahl erhalten die Wellen und Bohrungen erst ein Vorprofil (durch Drehen, Fräsen, Räumen, Ziehen) und werden dann auf der K-Profil-Schleifenmaschine fertig geschliffen.

Es handelt sich also um eine Zapfen-Loch-Verbindung, die vollständig geschliffen werden kann und für die daher auch Passungen angegeben werden können, die mit den Ab- und Grenzmaßen für die DIN-Sitze *L*, *EL*, *G*, *S*, *H* und *T* (oder den entsprechenden *ISA*-Werten) der Einheitsbohrung übereinstimmen.

Besonders hervorgehoben sei die Möglichkeit, auch gehärtete Bohrungen vollständig zu schleifen, während bei gehärteten Sternkeilnaben das Schleifen der Nabenzüge schwierig und zeitraubend ist. Gegenüber dem Sternkeilprofil besteht noch der Vorteil, daß alle aus- und einspringenden Ecken mit ihrer Kerbgefahr und der Gefahr von Härterissen vermieden sind.

Das K-Profil wird auch in kegliger Form hergestellt (Skizze *R 37/3*). Dieses K-Profil kann bei Werkzeugen den Kegel mit Mitnehmerzapfen ersetzen. Der K-Profil-Zapfen fällt wesentlich kürzer aus als der genormte Werkzeugkegel. Auch die zylindrischen K-Profilwellen bauen kürzer als Sternkeilwellen, da in der Längsrichtung der Welle keine Zugabe für das Auslaufen der Werkzeuge erforderlich ist.

Besondere Vorteile ergeben sich bei Rädern, welche auf der Welle verschoben werden sollen. In Skizze *R 37/1* sind der Zapfen *Z*, die Welle *W* und die zugehörigen Radnaben mit K-Profil versehen. Das Zahnrad *I* ist verschiebbar, das Zahnrad *II* sitzt fest auf der Nabe von *I*.

Von weiteren Bauteilen, an denen sich das K-Profil zweckmäßig und wirtschaftlich verwenden läßt, seien genannt: festsitzende oder verschiebbare Kupplungsscheiben, Schalträder, Wechselräder, Handräder, Nocken, Hebel, Spindeln, Bohrstangen usw. Bei der K-Profil-Schleifmaschine wurden an 50 Bauelemente mit K-Profil versehen. Auch die Keilwelle in Skizze *R 76/6* wird bei den neuesten Ausführungen von Ludw. Loewe durch eine K-Profil-Welle ersetzt.

Lager und Stützungen.

a) Gleitlager.

Die Skizze *R 38/1* ist einem Bericht entnommen, den ich im Jahre 1907 in der Z. VDI über die Bearbeitung der Ringschmierlager im Eisenwerk Wülfel erstattet habe.

Wenn man damit die Skizze *R 38/2* vergleicht, die den neuesten Ausführungen des gleichen Werkes entspricht, könnte man fast annehmen, daß nur geringe Änderungen eingetreten sind. Dies ist auch der Fall, so weit die äußere Gestalt in Frage kommt. Aber in bezug auf den Schalenwerkstoff, die Lagerausgüsse (Werkstoff, Stärke, Verklammerung, Herstellung, Bearbeitung), die Schmierung (Ölströmung, Schmiernuten, Zu- und Ableitung und Kühlung des Ölers, Ölspiel) und die Beherrschung der Lagerwärme haben gerade die letzten Jahre eine Fülle von Neuerungen gebracht, auf die hier nicht eingegangen werden kann[1]. Auch unsere Kenntnisse über die Gleitlagerreibung wurden durch wissenschaftliche Untersuchungen und zahlreiche Versuche erweitert; eine völlige Klärung, namentlich über die Vorgänge bei der Grenzschmierung, wurde allerdings noch nicht erzielt[2]. Der Konstrukteur

---

[1] Vgl. Konstruktive Lagerfragen (Arbeitsgemeinschaft Deutscher Konstruktionsingenieure), VDI-Verlag, Berlin 1940, und A. Schiebel, Die Gleitlager (Einzelkonstruktionen aus dem Maschinenbau). Verlag Julius Springer, Berlin 1933.

[2] Siehe Dr. G. Vogelpohl, Zur Klärung des Gleitreibungsvorganges, Öl und Kohle, 37, S. 720 (1939) und Dr. R. Kühnel, Z. VDI, Bd. 85, 1941, S. 201.

ist daher bei Neukonstruktionen und neuen Werkstoffen noch vielfach auf Vorversuche und Probeausführungen angewiesen, die sich auch auf die Oberflächenbearbeitung, auf die Zusammenhänge zwischen der Lagerwärme, der Wärmedehnung und dem Lagerspiel, auf die Passungen, die Formänderungen der Welle, der Schalen und des Lagergehäuses usw. erstrecken müssen.

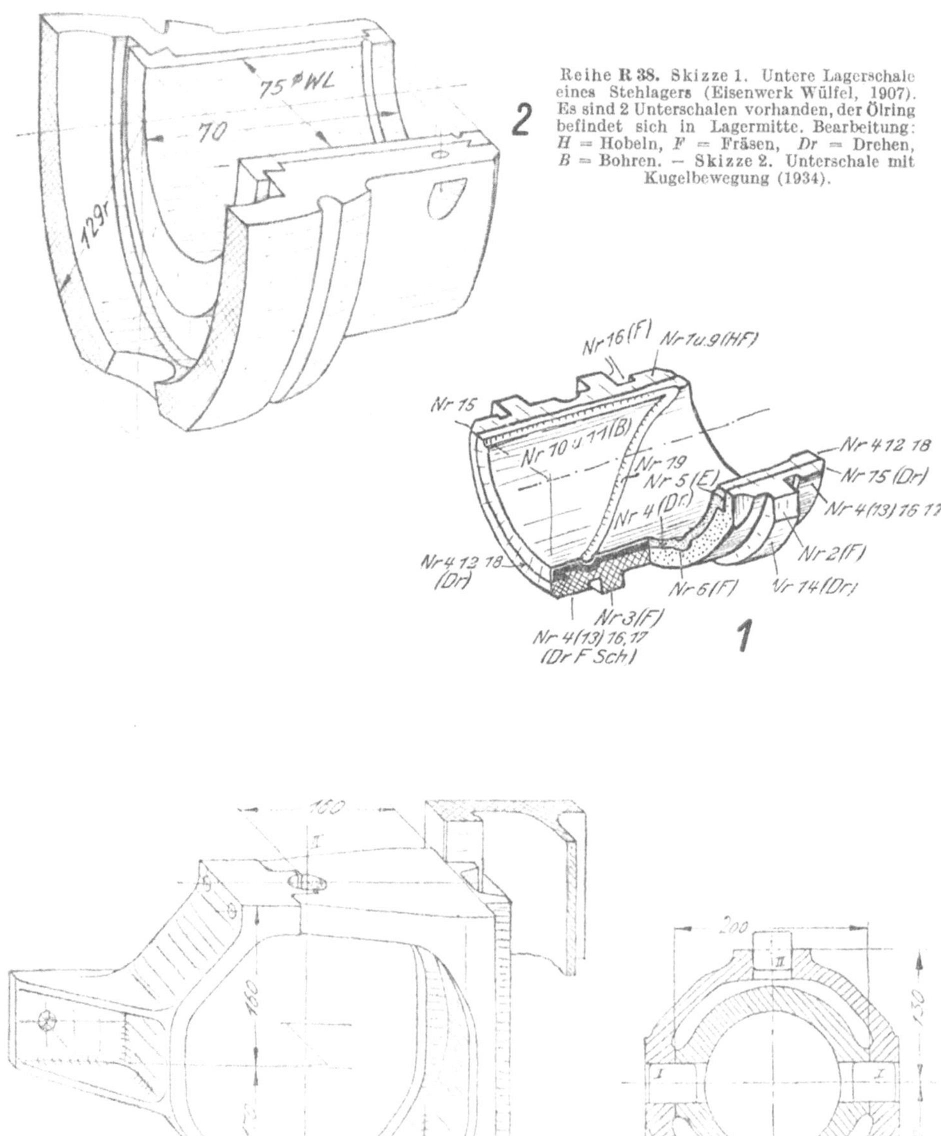

Reihe **R 38.** Skizze 1. Untere Lagerschale eines Stehlagers (Eisenwerk Wülfel, 1907). Es sind 2 Unterschalen vorhanden, der Ölring befindet sich in Lagermitte. Bearbeitung: *H* = Hobeln, *F* = Fräsen, *Dr* = Drehen, *B* = Bohren. — Skizze 2. Unterschale mit Kugelbewegung (1934).

Reihe **R 39.** Kalander-Mittelwalzenlager, System Wülfel-Falz. Lagerbock (Aufbauskizze); Schale und Zapfenträger im Schnitt.

Hier sollen nur zwei Konstruktionen für einen Sonderfall gebracht werden. Bei den Skizzen *R 39* handelt es sich um ein Wülfel-Kalanderlager (System Wülfel-Falz) mit kardanisch beweglicher Aufhängung. Es ist für die Mittelwalze eines

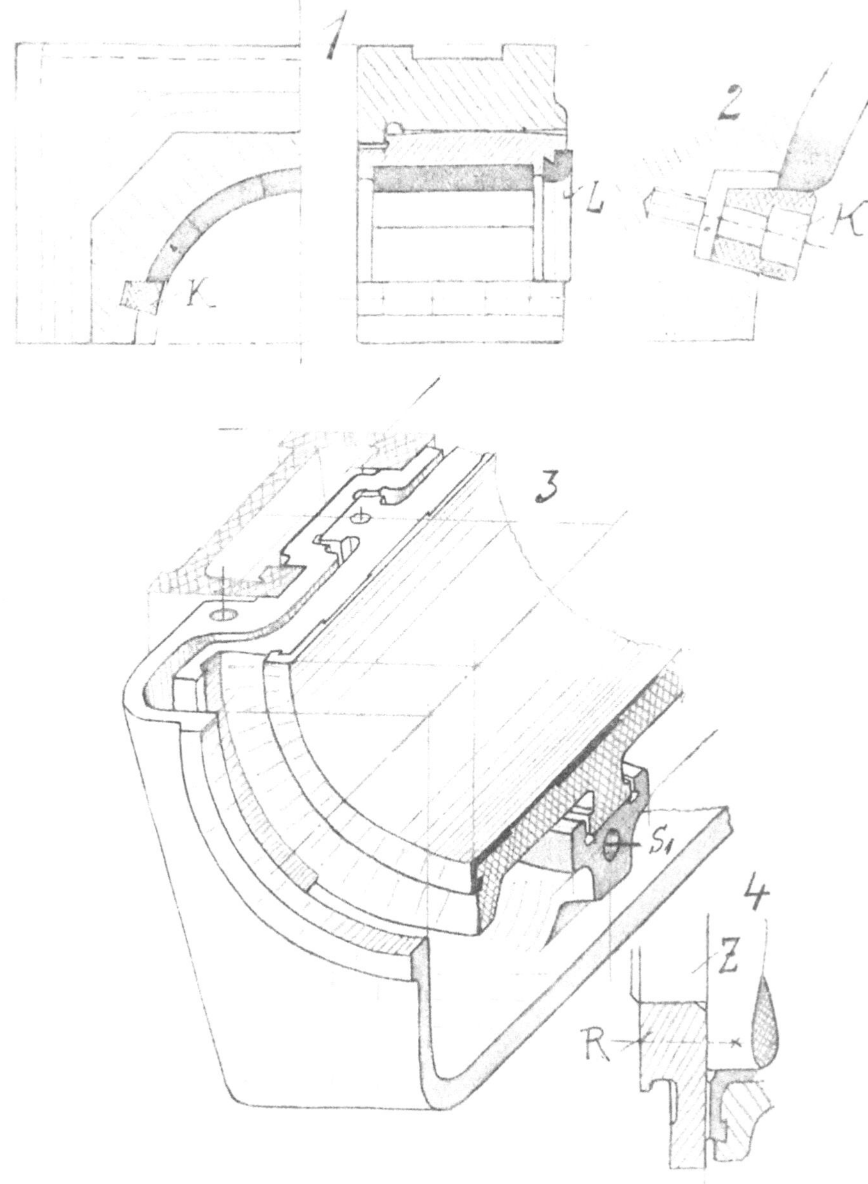

Reihe **R 40.** Skizze 1 u. 2. Preßstofflager für ein Blechwalzwerk. Skizze 3. Lagerschale mit Kippbewegung. Skizze 4. Zapfenende und Ölbundring.

Haubold-Kalanders bestimmt und so ausgeführt, daß die Lagerschalen sämtlichen Durchbiegungen der Walzen und auch etwaigen Taumelbewegungen der Walzenzapfen ganz besonders leicht folgen können.

Der Walzendruck wird bei den Mittelwalzen von den obersten und untersten Walzen und ihren Lagern aufgenommen und nicht auf die Zapfen der Mittelwalze übertragen. Die Lagerschale ist mit zwei Zapfen (I, I) versehen und in einem Ring gelagert, der in den Lagerbock so eingebaut ist, daß eine Bewegung um die senk-

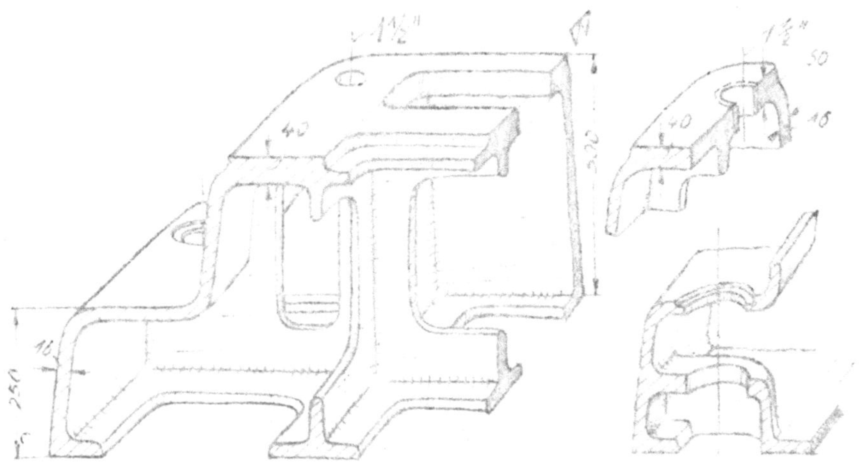

Reihe R 41. Gegossene Grundplatte (AEG, 1926).

rechte Achse II—II möglich ist. Der Lagerbock wird an einer Gleitbahn des Ständers mit etwas Spiel befestigt, so daß er in senkrechter Richtung gleiten kann, sobald die Papierbahnen zwischen die Walzen treten.

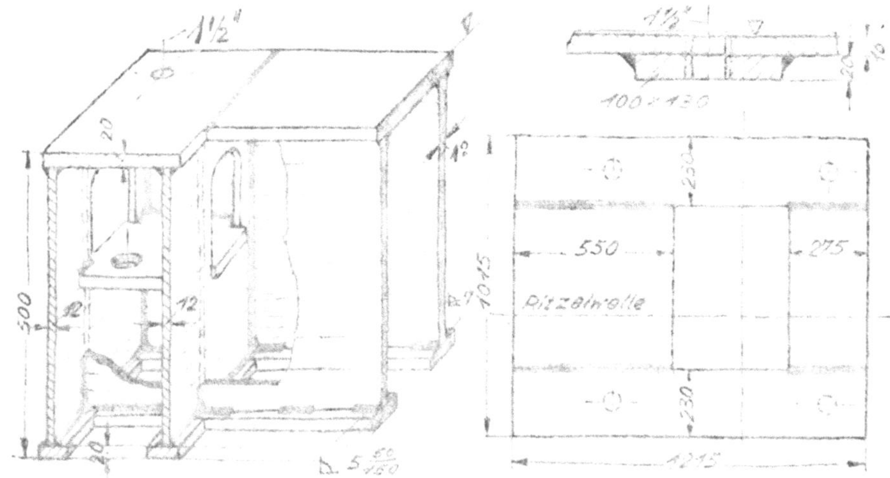

Reihe R 42. Geschweißte Grundplatte (AEG, 1938).

Die kippbewegliche Abstützung der Lagerschale bei der Oberwalze zeigen die Skizzen *R 40/3* u. *4*. Am Zapfen Z ist ein seitlicher Ölbundring befestigt[1].

[1] Die Kippbeweglichkeit kann auch durch Abstützung der belasteten Schale gegen eine gewölbte Fläche erreicht werden. Skizze *R 40/1* u. *2* zeigt ein Preßstofflager für ein schweres Grobblechwalzwerk, wobei die Stützschale pendelnd im Gerüst aufliegt.

b) Stützungen.

Zu den Stützungen gehören die Grundplatten, Rahmen, Untersätze, Lagerböcke, Lagerbrücken, Tragkreuze (Armsterne) usw. Oft bildet der stützende Baukörper mit Teilen, die andere Bauaufgaben zu erfüllen haben, ein Stück. Dies ist der Fall bei Steh- und Wandlagern, Maschinengestellen, Gehäusen (vgl. S. 64) usw.

Die Skizzen *R 42* zeigen eine geschweißte Grundplatte der AEG-Turbinenfabrik für ein Hochleistungsgetriebe (∼ 1000 kW), die früher (1926) nach Skizze *R 41* gegossen wurde. Da derartige Grundplatten eine sehr hohe statische und dynamische Steifigkeit besitzen müssen, konnten die Wandstärken nur innerhalb gewisser Grenzen verringert werden.

Professor Dr. techn. E. h. E. A. Kraft, Direktor der AEG-Turbinenfabrik schreibt dazu: „Die äußeren Abmessungen der geschweißten Platte wurden wegen

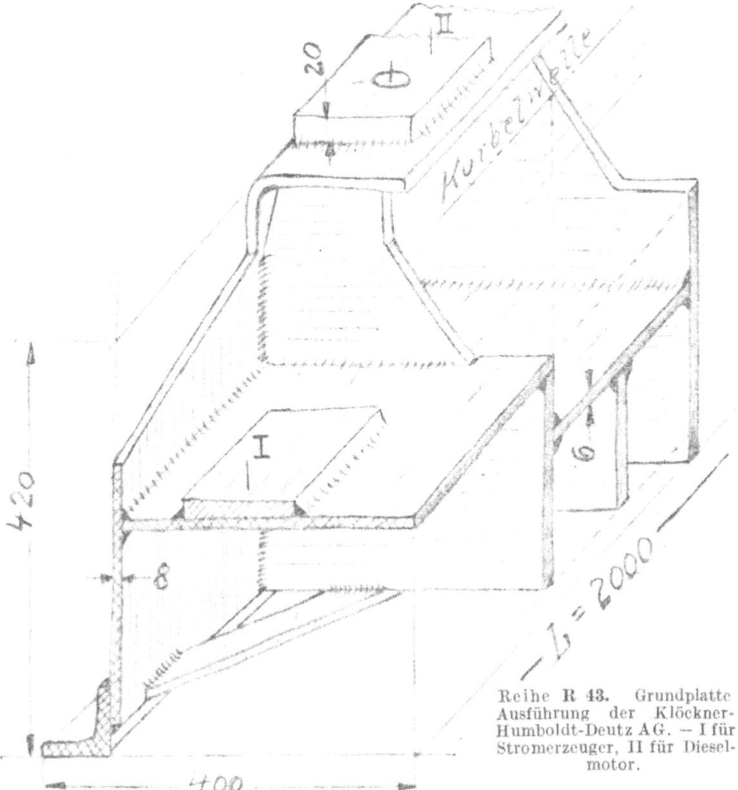

Reihe R 43. Grundplatte Ausführung der Klöckner-Humboldt-Deutz AG. — I für Stromerzeuger, II für Dieselmotor.

der geänderten Lage der Ankerbolzen etwas kleiner. Um die Gewichte der beiden Platten unmittelbar miteinander vergleichen zu können, habe ich von der gegossenen Platte die entsprechenden Teile gewichtsmäßig in Abzug gebracht. Mit dieser Einschränkung würde die gegossene Grundplatte etwa 900 kg wiegen, während die geschweißte etwa 675 kg wiegt".

Um die Herstellungskosten und die Herstellungszeit der beiden Konstruktionen vergleichen zu können, muß die Stückzahl bekannt sein, die innerhalb eines Jahres geliefert werden soll[1].

---

[1] In einem Vortrag, den Prof. Dr. E. A. Kraft 1938 auf der VDI-Tagung über „Industrielle Werkleitung" gehalten hat, heißt es zur Frage des Schweißens: „Der Konstrukteur muß sich dabei auch vom volkswirtschaftlichen Denken leiten lassen, der Schein kann unter

Die Skizzen *R 43* und *R 44* habe ich nach Unterlagen angefertigt, die ich Herrn Dr.-Ing. Emil Flatz, Vorstandsmitglied der Klöckner-Humboldt-Deutz AG., verdanke[1].

Der Grundrahmen Skizze *R 43* (Gewicht 450 kg) ist aus Längs- und Querblechen zusammengesetzt, bei der Konstruktion nach Skizze *R 44* (Gewicht 328 kg) erfolgt die Längsverbindung durch ein Rohr von nur 6 mm Wandstärke. Der lichtere Rahmen ist steifer als der schwere, namentlich gegen Verwinden.

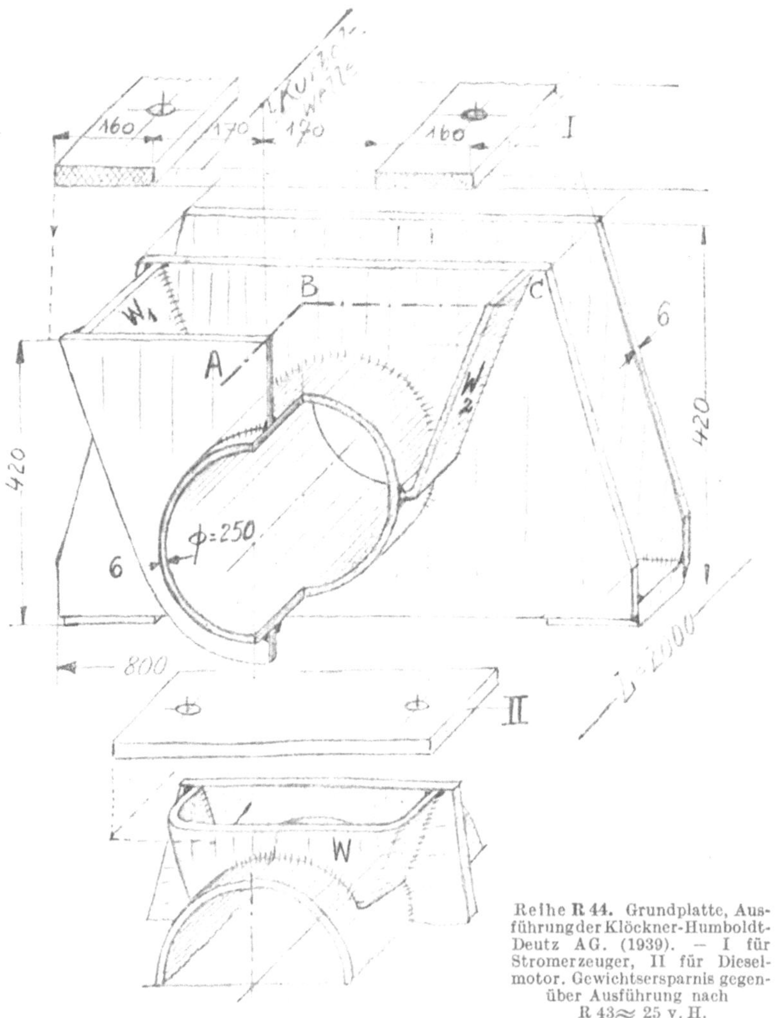

Reihe R 44. Grundplatte, Ausführung der Klöckner-Humboldt-Deutz AG. (1939). — I für Stromerzeuger, II für Dieselmotor. Gewichtsersparnis gegenüber Ausführung nach R 43 ≈ 25 v. H.

Die Skizzen *R 45* und *R 46* lassen die starken Änderungen erkennen, welche die Rahmen für elektrisch betriebene Laufkatzen durch das Schweißen erfahren haben.

Umständen trügen. Wird ein früher gegossenes Gehäuse durch ein geschweißtes ersetzt, so erscheint in der Preisabrechnung des Werkes ein wesentlich höherer Betrag an Lohnstunden (also an menschlicher Arbeitskraft), als vorher für das gegossene, dessen Herstellung vielleicht außerhalb des eigenen Werkes erfolgte.... Trotzdem kann es volkswirtschaftlich richtig sein, den Guß zu verlassen, weil z. B. Herstellungszeit, Eisenverbrauch, Gewicht, Fracht und Zollkosten und anderes zu seinen Ungunsten sprechen.... Jeder Fall erfordert seine individuelle Behandlung."

[1] Vgl. Seite 45.

Die ersten geschweißten Rahmen aus Walzeisen haben sich kaum von den genieteten Rahmen (Abb. *R 45/1*) unterschieden. Nur die Anschlüsse der Träger wurden nach den Regeln der Schweißtechnik ausgeführt. Später hat man neben den Walzträgern auch abgekantete Bleche verwendet, namentlich zu den Untersätzen für die Motoren und die Getriebekästen (vgl. Skizze *R 45/1* u. *2*). Bei einem Katzrahmen für einen 5-Tonnen-Laufkran von Kampnagel, Hamburg (Skizze *R 46*) bestehen die Längs-

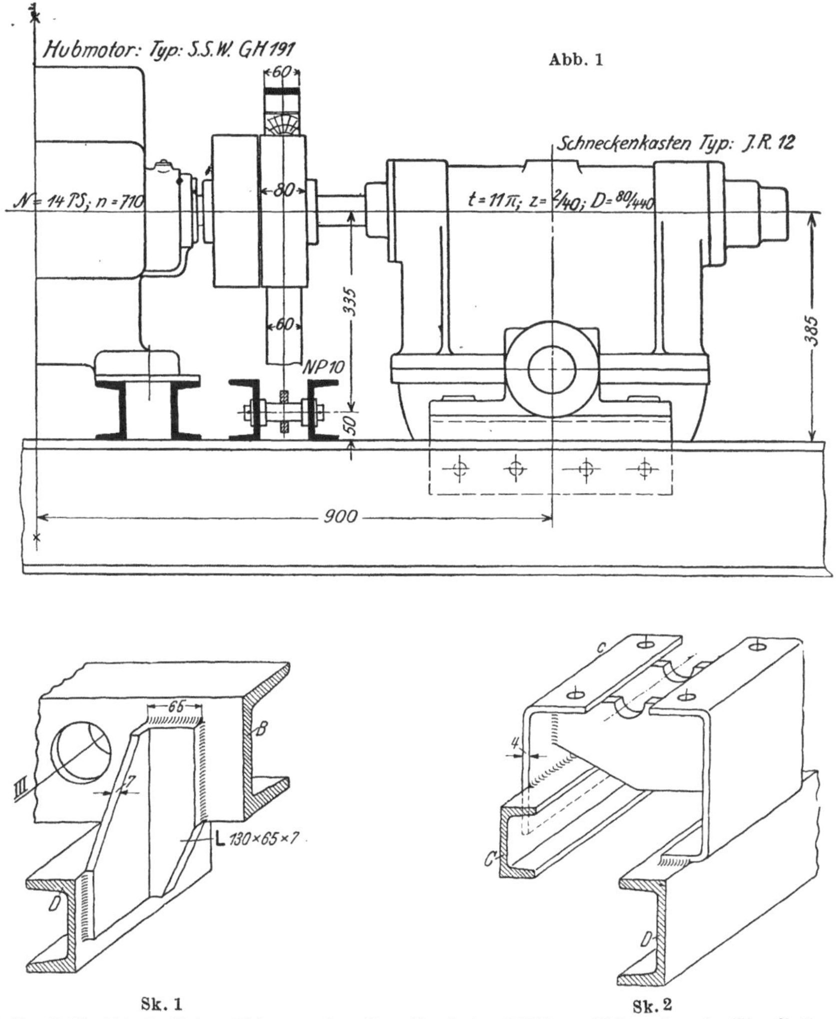

Sk. 1 Sk. 2

Reihe **R 45.** Abb. 1. Entwurfskizze zu einer Kran-Laufkatze (1920). — Skizze 1 u. 2. Einzelheiten zu einer geschweißten Laufkatze.

träger aus Stahlblech; sie sind durch abgekantete Querbleche *a*, *b* und *c* verbunden. Die Bleche *c* und *d* sind mit aufgeschweißten Arbeitsleisten zum Tragen des Fahrmotors und des Hubmotors versehen.

Das Stirnrädervorgelege für das Hubwerk ist in einem geschweißten Getriebekasten angeordnet, der am vorderen Längsblech befestigt ist. Die Trommelwelle ist bei *A* im Getriebekasten und rückwärts (bei *E*) in einer Buchse gelagert, die am Blech *e* befestigt ist. Das Blech *e* ist nicht angeschweißt, sondern angeschraubt, um die Trommel einbauen und die Lager ausrichten zu können. Der Einbau der Wälzlager bei B und der Blechstoß bei D ist aus den Nebenskizzen ersichtlich.

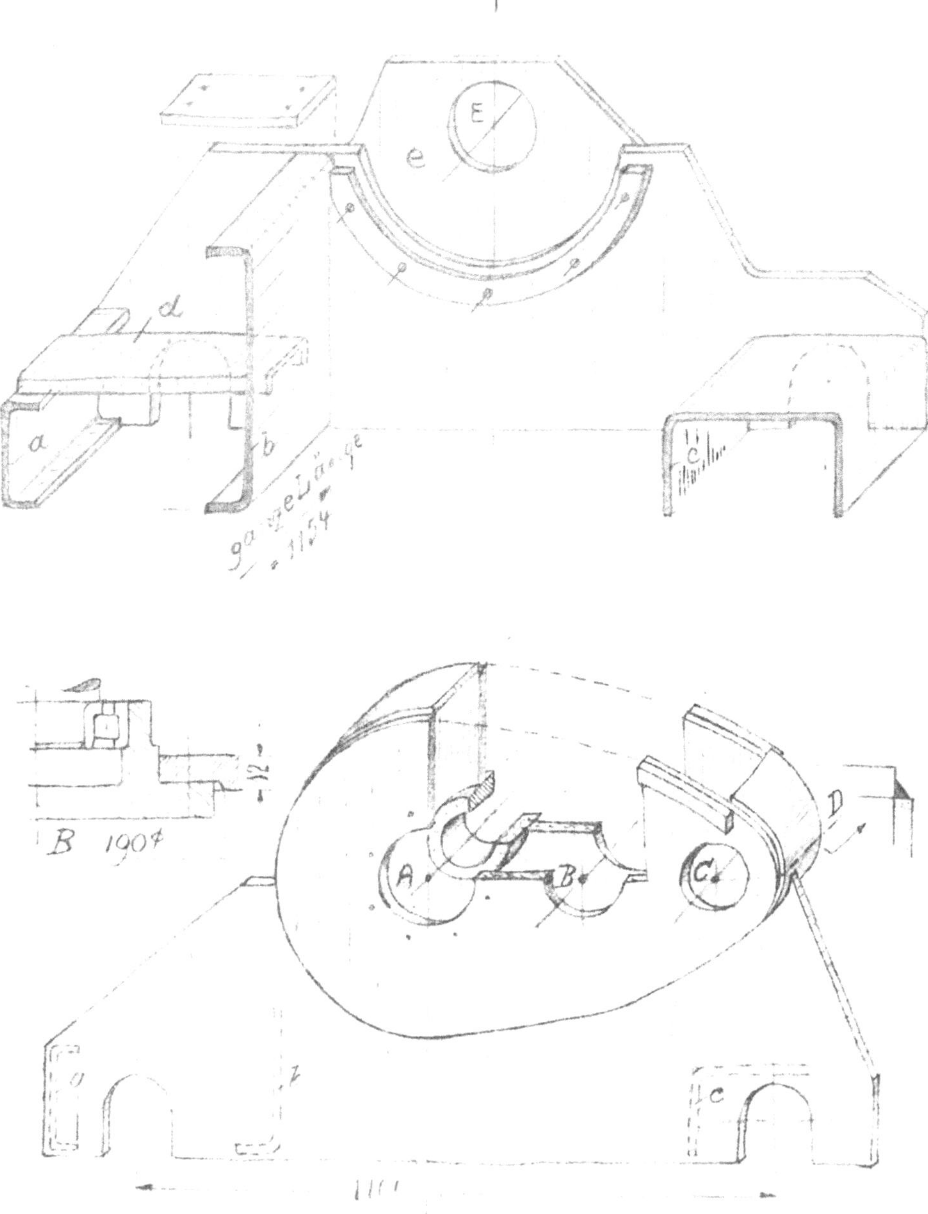

Reihe R 46. Skizze 1 u. 2. Katzrahmen zu einem 5 Tonnen-Laufkran. – Kampnagel, Hamburg. (Aufbauskizze).

Bei dieser Laufkatze wurde der Gedanke verwirklicht, den Getriebekasten durch Schweißung unmittelbar mit den stützenden Teilen zu verbinden. Auch bei der gegossenen Grundplatte für einen Treibscheibenaufzug nach *R 47/2* wurde der gleiche Gesichtspunkt verwertet. Während bei Skizze *R 47/1* der Schneckenkasten und das Endlager aufgesetzt sind, hat der Konstrukteur bei *R 47/2* diese Teile mit der Grundplatte vereinigt. Die Entscheidung über die Vorteile und Nachteile der

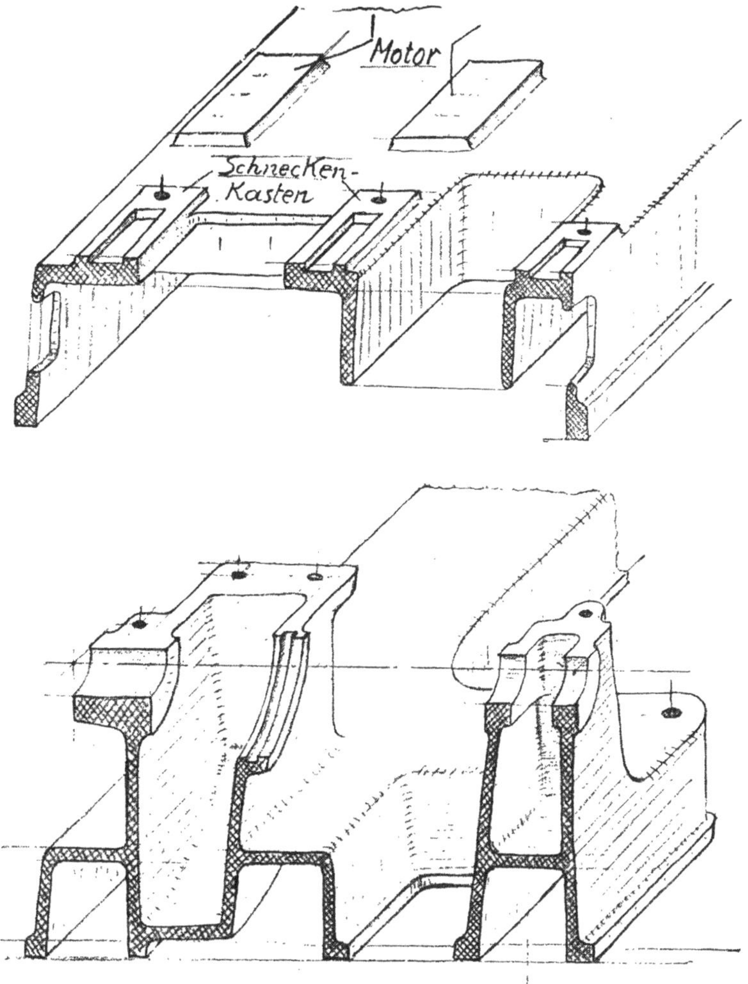

Reihe R 47. Skizze 1. Grundplatte zu einem Treibscheibenaufzug. (Treibscheibe siehe R 80/2.) – Skizze 2. Grundplatte, mit Lagerbock und Schneckengehäuse zusammengegossen. (Treibscheibe siehe R 80/3.)

beiden Konstruktionen hängt auch hier stark von der Stückzahl ab. (Näheres über Aufzugtreibscheiben s. S. 95.)

Am Schluß dieses Abschnittes über Stützungen, möchte ich noch eine Skizze (*R 47/3*) bringen, die sich in ähnlicher Form in meinem Kollegheft befindet und die aus Riedlers Maschinenzeichnen (1. Auflage 1896) stammt. Es ist eine Originalskizze meines Lehrers Professor Radinger, Wien, der damals mit dem Entwurf der Triebwerksanlagen für die österreichische Staatsdruckerei betraut war und der uns in seinen Vorlesungen mit Hilfe derartiger Skizzen an seinen Arbeiten, an der „inneren Schau" seines künftigen Werkes, teilnehmen ließ. Nach Riedler — der

Radinger im Nachruf einen „Eisenbildhauer“ nennt — bringt solche Skizzen „nicht die geschickte Hand, sondern der geschickte Kopf fertig, in dem richtige, plastische Vorstellungsbilder gedeihen“.

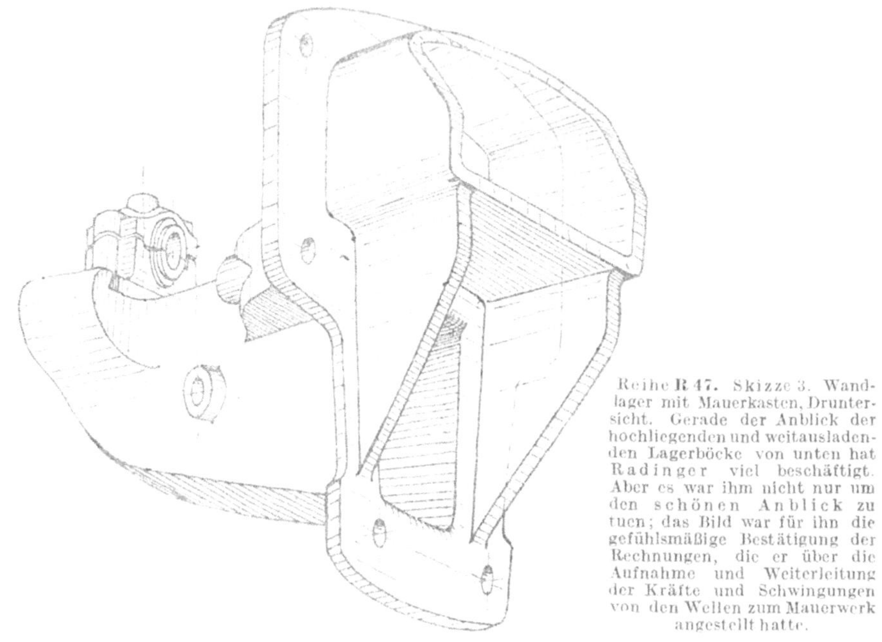

Reihe **R 47.** Skizze 3. Wandlager mit Mauerkasten, Druntersicht. Gerade der Anblick der hochliegenden und weitausladenden Lagerböcke von unten hat Radinger viel beschäftigt. Aber es war ihm nicht nur um den schönen Anblick zu tuen; das Bild war für ihn die gefühlsmäßige Bestätigung der Rechnungen, die er über die Aufnahme und Weiterleitung der Kräfte und Schwingungen von den Wellen zum Mauerwerk angestellt hatte.

Geschweißte Lokomotivzylinder.

Im Organ für die Fortschritte des Eisenbahnwesens, 94 Jg. (1939), S. 232/237 hat Oberinspektor M. Reiter VDI, München, über geschweißte Lokomotivzylinder, Bauart G 34.16 und S 36.18 (innenliegender Hochdruckzylinder) berichtet. Auf Grund der dort gegebenen Unterlagen habe ich die Skizzen *R 48* und *R 49* angefertigt und den Verfasser gebeten, an Hand dieser Skizzen den Aufbau und die Herstellung der außenliegenden Zylinder zu beschreiben. Die nachfolgenden Ausführungen stammen von M. Reiter.

„Die Grauguß-Lokomotivzylinder bereiten den Werkstätten bei der Instandsetzung auch nur kleiner Schäden erhebliche Schwierigkeiten. Soll der Schaden durch die Lichtbogenwarmschweißung, die allein eine einwandfreie Ausbesserung gewährleistet, beseitigt werden, so ist der Ausbau des Zylinders erforderlich. Damit ist wieder ein teilweiser oder völliger Abbau der Lokomotive verbunden, je nachdem ob der Zylinder außen- oder innenliegend angeordnet ist. Bei der Gußeisenkaltschweißung sind zwar diese umständlichen Aus- und Einbauarbeiten nicht notwendig, aber dieses Schweißverfahren genügt auch nur für untergeordnete Ausbesserungen. Für die vollwertige Verschweißung von Rissen und Brüchen ist jedoch die Kaltschweißung ungeeignet. Dazu kommt noch, daß jede Instandsetzung je nach Ausmaß eine mehr oder weniger lange Stillstandzeit verursacht.

Um nun die Festigkeit der Dampfzylinder zu erhöhen und die etwa erforderlichen Instandsetzungen ganz wesentlich zu vereinfachen, wurde im Jahre 1935 versucht, einen aus Stahlblech St 34 (Kesselblechgüte) geschweißten Zylinder mit Perlitgußlaufbüchse zu entwerfen und zu bauen. Als Erstausführung wurde der außenliegende Zylinder der Lokomotivbauart G 34.16 ausgewählt. Als besondere Bedingung war gestellt, daß der gegossene und der geschweißte Zylinder **unbedingt**

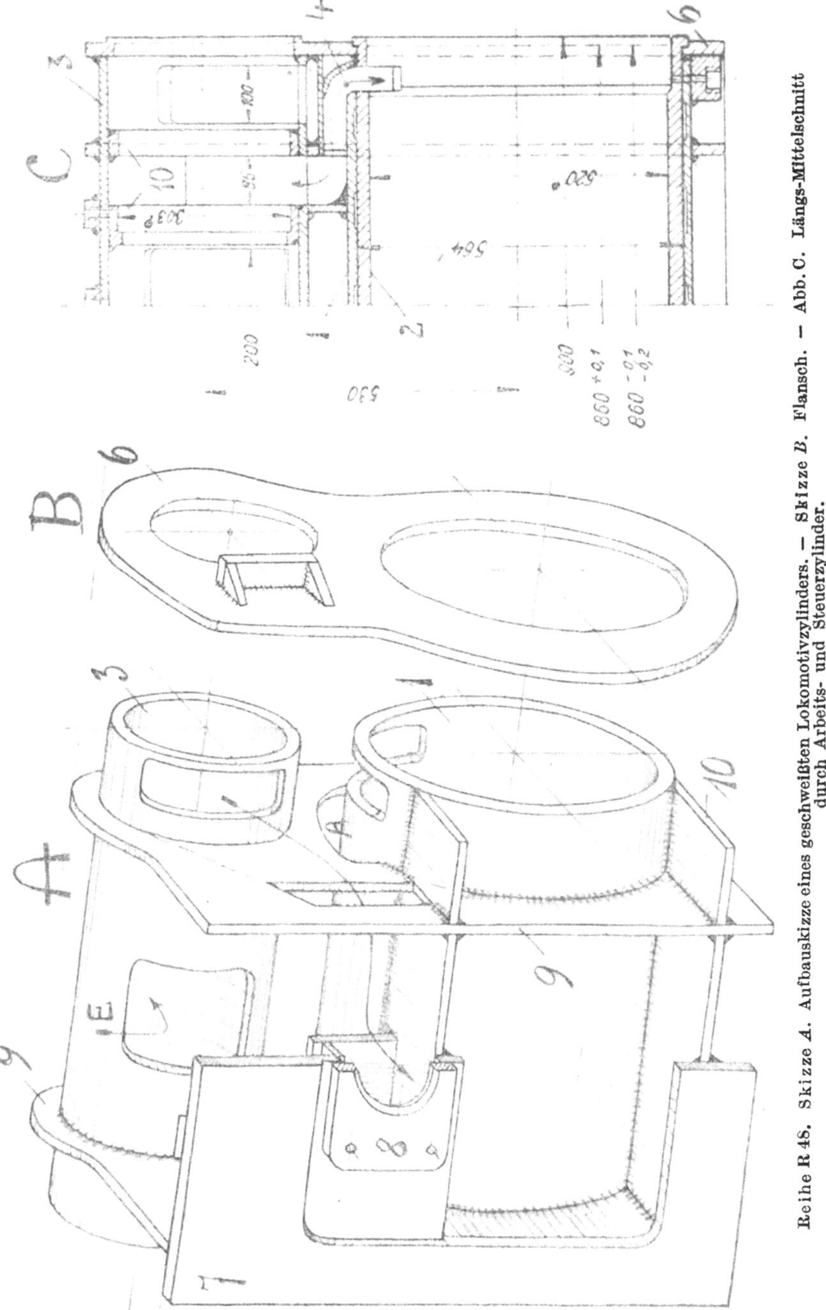

Reihe R 48. Skizze *A*. Aufbauskizze eines geschweißten Lokomotivzylinders. — Skizze *B*. Flansch. — Abb. C. Längs-Mittelschnitt durch Arbeits- und Steuerzylinder.

austauschbar sein sollen, so daß an keinem Teil der Lokomotive eine Abänderung notwendig ist. Weiter war verlangt, daß die Form und die Maße der Dampfkanäle nach Möglichkeit beibehalten werden. Auch mußte auf eine gute Umleitung des Dampfes in den S-Kanälen (Kanal *4*, Skizze *48 C*) geachtet werden, um Wirbelbildungen in den Ecken zu vermeiden. Für die Schweißfertigung wurde beim Entwurf

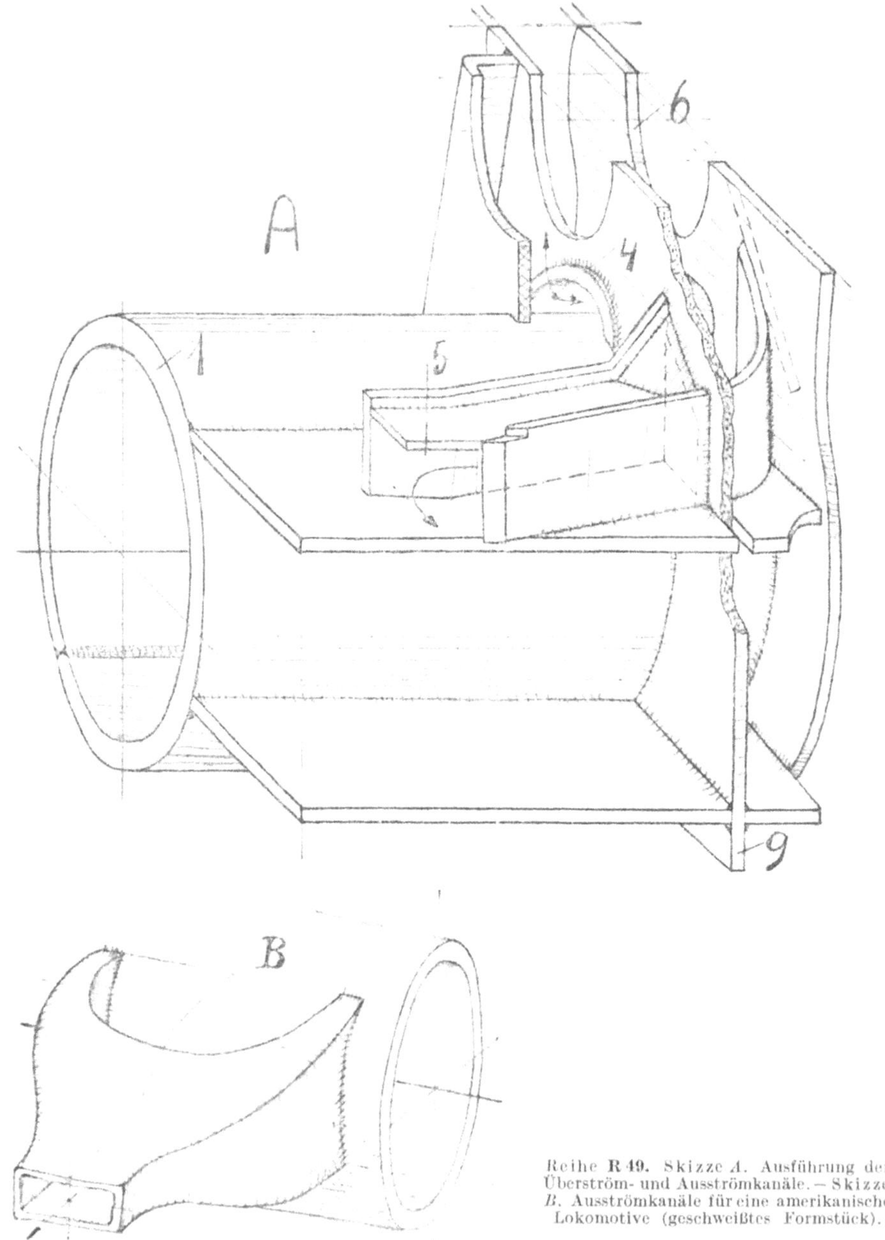

Reihe **R 49.** Skizze *A*. Ausführung der Überström- und Ausströmkanäle. — Skizze *B*. Ausströmkanäle für eine amerikanische Lokomotive (geschweißtes Formstück).

besonders darauf geachtet, daß sämtliche Nähte für den Schweißer gut zugänglich sind und in bequemer Lage geschweißt werden können. Im allgemeinen wurde deshalb die offene Kehlnaht angeordnet und auf die versenkte Kehlnaht verzichtet.

Der Zylinder, dessen konstruktive Einzelheiten aus den Skizzen *R 48* und *R 49/A* zu ersehen sind, besteht im wesentlichen aus folgenden Teilen:

a) Zylindermantel (*1*) mit Gußlaufbüchse (*2*).
b) Schiebermantel (*3*) mit Überströmung (*4*).
c) Einströmstutzen auf dem Schiebermantel (bei *E*).
d) Ausströmkanäle (*5*).
e) Zylinderdeckelflanschen (*6*).
f) Grundplatte (*7*) mit Ausströmflansch (*8*), Tragrippen (*9*) und Querversteifungen (*10*).

Die beiden längsseitig zusammengeschweißten Blechmäntel für Zylinder (*1*) und Schieber (*3*) sind in zwei Tragrippen (*9*) von 20 mm Stärke gelagert, die mit je zwei Kehlnähten von $a = 10$ mm an der Grundplatte (*7*) befestigt sind. Schieber und Zylinder sind mit den notwendigen Ausschnitten für den Dampfein- und -Austritt versehen. Die Gußlaufbüchse (*2*) ist 22 mm stark und kalt eingezogen. Sie besitzt in der Länge ein Ausdehnungsspiel von 0,1—0,3 mm. Im Steuerzylinder sind vier Ringe (*10*) eingeschweißt zur Feststellung und Abdichtung der Schieberbüchsen. In der Mitte des Schiebergehäuses (bei *E*) ist der Ausschnitt für den Anschluß des Einströmstutzens vorgesehen. Der Einströmstutzen selbst ist aus vier Blechen (Kastenquerschnitt) mit dem Anschlußflansch zusammengeschweißt. Zwischen Zylinder und Schieber, beiderseits der Tragrippen, sind die Dampfüberström- oder S-Kanäle (*4*) angeordnet[1], deren Ecken mit besonderen Leitblechen ausgerüstet sind. Die Auströmkanäle (*5*) sind unter Verwendung der Querversteifungen[2] ebenfalls aus einzelnen Blechen zusammengebaut und an die Tragrippen angeschweißt, die dem Kanalquerschnitt entsprechend ausgeschnitten sind. Den Abschluß an den beiden Enden des Zylinders und Schiebers bilden die 30 mm starken Deckelflansche (*6*).

Der Zylinder ist vollkommen lichtbogengeschweißt. Für dampfdichte Verbindungen wurden im allgemeinen E 34 z-Elektroden nach den Lieferbedingungen der deutschen Reichsbahn verwendet. Teilweise wurde auch mit Blankdraht geschweißt, besonders bei schlechter Zugänglichkeit der Nähte z. B. bei den Überströmkanälen. Hier sei erwähnt, daß auch an den Blankdrahtnähten bis heute nach zweijähriger Betriebszeit noch keine Undichtigkeiten aufgetreten sind. Die Tatsache zeugt für die Güte der Schweißarbeit. Die nur auf Festigkeit beanspruchten Nähte wurden ausschließlich mit nackten Elektroden hergestellt. Als Kehlnahthöhe wurde fast durchweg a = halbe Stärke des anzuschließenden Bleches gewählt.

Entsprechend dem konstruktiven Aufbau des Zylinders ist die Reihenfolge der Arbeitsgänge bereits klar vorgezeichnet. Zunächst wird der Arbeits- und Steuerzylinder vollkommen fertig geschweißt und, soweit notwendig, mechanisch bearbeitet. Anschließend werden die beiden Mäntel in die Tragrippen eingebaut. Durch die maßhaltige Bearbeitung der Bohrungen in den Tragrippen und des Zylinder- und Schiebermantels ist die genaue Parallelität zwischen Zylinder- und Schieberachse gesichert und somit für den Zusammenbau keine besondere Vorrichtung erforderlich. Nach dem Einbau der Überströmkanäle und des Einströmstutzens werden die beiden Zylinder mit den Tragrippen verschweißt. Anschließend erfolgt das Anschweißen der Deckelflanschen. Im weiteren Arbeitsverlauf werden die Ausströmkanäle eingeschweißt. Nach dem Einbau sämtlicher Querversteifungen wird der ganze Zylinderblock auf die Grundplatte aufgeschweißt. Als letzte Arbeitsfolge

[1] Skizze *R 48/C*.

[2] Es wurde schon oben erwähnt, daß die Kanäle und die Ausströmstutzen in Form und Abmessungen der gegossenen Ausführung entsprechen mußten. Dadurch war man an einer freieren, der Schweißtechnik besser entsprechenden Gestaltung der Ausströmung gehindert. — Skizze *R 49/B* zeigt eine aus 6 gebogenen Blechplatten zusammengesetzte Ausströmung einer amerikanischen, geschweißten Lokomotive aus dem Jahre 1935. —

werden die verschiedenen Gewindeanschlüsse angeschweißt. Damit ist die Schweißarbeit beendet. Um zu vermeiden, daß die Schweißspannungen unter dem Einfluß der Dampftemperatur sich im Betrieb ausgleichen und unangenehme Verziehungen (lose Laufbüchsen) verursachen, muß der Zylinderblock vor der mechanischen Bearbeitung vollkommen spannungsfrei geglüht werden. Erst nach diesem Glühvorgang kann der Zylinder auf Fertigmaß bearbeitet und mit der Gußlaufbüchse ausgerüstet werden. Nachdem die Zylinderdeckel-Stiftschrauben eingezogen sind, wird der Zylinder durch eine Wasserdruckprobe auf Dichtheit geprüft".

Gehäuse.

Die Gehäuse, die in diesem Abschnitt näher behandelt werden sollen, sind allseitig (oder nahezu allseitig) geschlossene, ein- oder mehrteilige Hohlformen. Ein Maschinengehäuse umschließt einen Raum, in dem sich bestimmte, vom Konstrukteur gewollte Vorgänge abspielen, sei es, daß Wellen kreisen, Zahnräder kämmen, Scheiben sich drehen oder Flüssigkeiten strömen. Die Gehäuse gehören

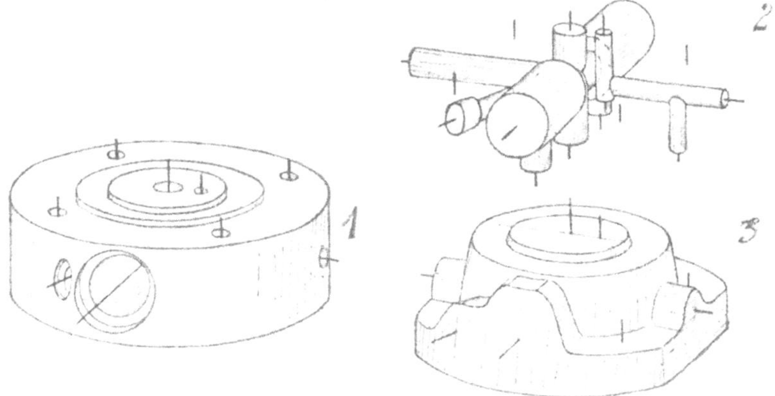

Reihe **R 50.** *Skizze 1.* Ventilkopf zu einem Druckluftbehälter. Werkstoff St 50.11. Rohgewicht ≈ 20 kg. — *Skizze 2.* Darstellung der Bohrungen, dem *Kern* bei einem Gußstück entsprechend. — *Skizze 3.* Ventilkopf, neue Ausführung (1939). Rohgewicht des Preßstückes ≈ 10 kg. (Klöckner-Humboldt-Deutz AG.)

zu den schwierigsten Bauteilen, die an das Können des Konstrukteurs sehr hohe Anforderungen stellen. *Von Innen heraus* wird ein Gehäuse gestaltet, der Zweck des Innenraumes, des Hohlraumes ist bestimmend für die äußere Form. An diese *Hauptform* müssen sich organisch die *Nebenformen* anschließen. Bei Gußstücken wird uns dies besonders klar: um den *Kern* herum legt sich die Wandung! Und die Kernformen sind genau die gleichen Grundformen, die wir auch sonst im Maschinenbau verwenden (s. Reihe *R 52*). Bei geschweißten oder gepreßten Gehäusen ist die Bedeutung des Kernes nicht so scharf erkennbar, aber auch ihr Aufbau richtet sich nach Zweck und Form des Innenraumes.

Handelt es sich um Gehäuse, durch die Flüssigkeiten oder Gase strömen, so stellt der Hohlraum zugleich den Flüssigkeitskörper dar und bestimmt daher Strömungsrichtung und Strömungsgeschwindigkeit.

Selten — so für sehr hohe Drücke und verhältnismäßig kleine Durchmesser — werden Gehäuse aus dem vollen gebohrt. Bei dem Ventilgehäuse Reihe *R 50*, Skizze *1*, wurde ein runder Flansch ausgebohrt. Bei einer neuen Ausführung (*R 50/3*) umschließt das Gehäuse den Hohlraum; es ist gleichsam um die Hohlräume (Skizze *2*) herum gewachsen. Dies bedingt ein besonderes Gesenk, hilft aber bei großer Stückzahl Werkstoff sparen.

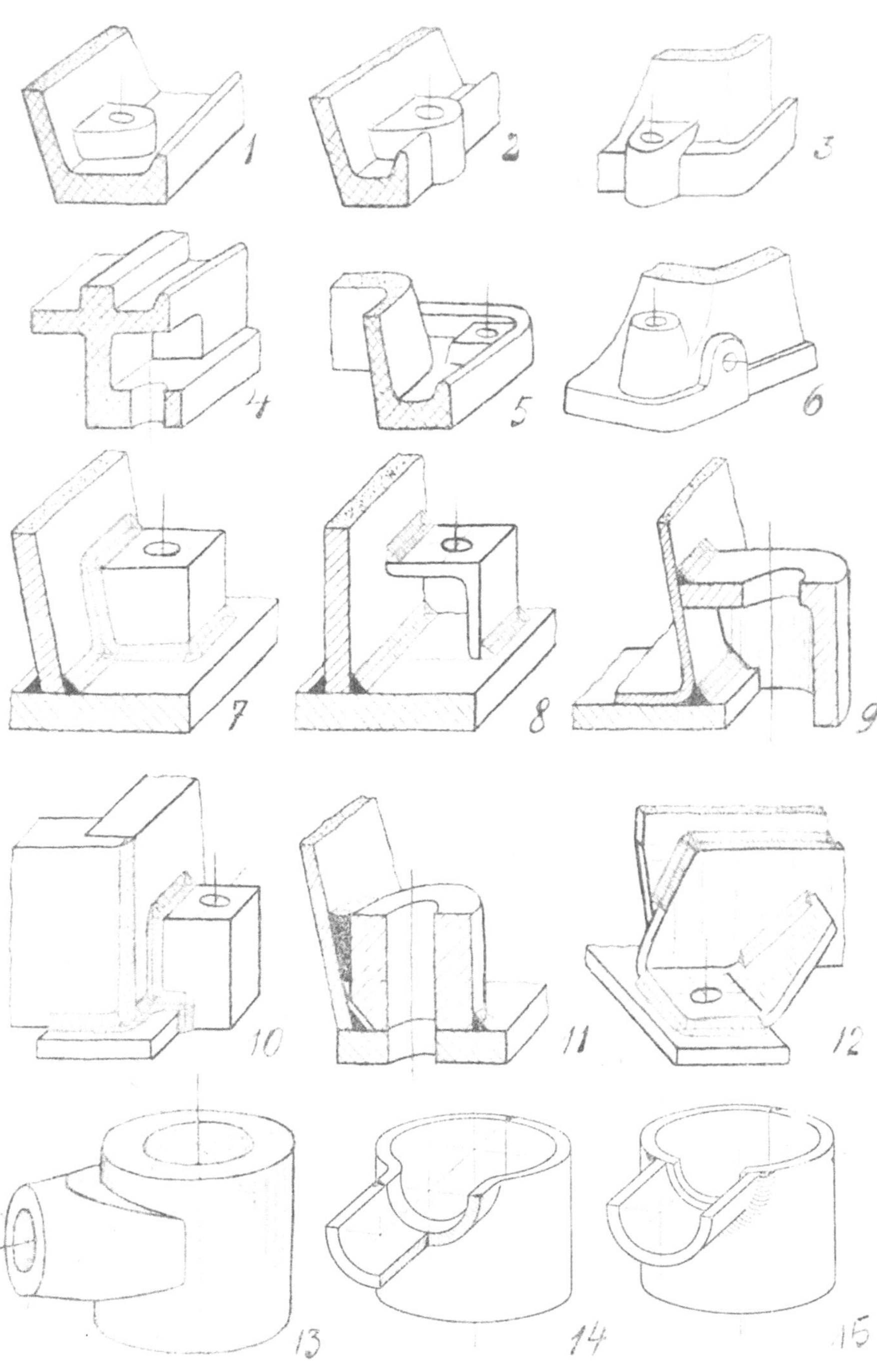

Reihe R 51. Skizze 1 bis 12. Einzelheiten zu den Gehäuse-Stützungen. Füße, Ölrinnen, Schraubenansätze, gegossen und geschweißt. — Skizze 13 bis 15. Gegossene und geschweißte Stutzen.

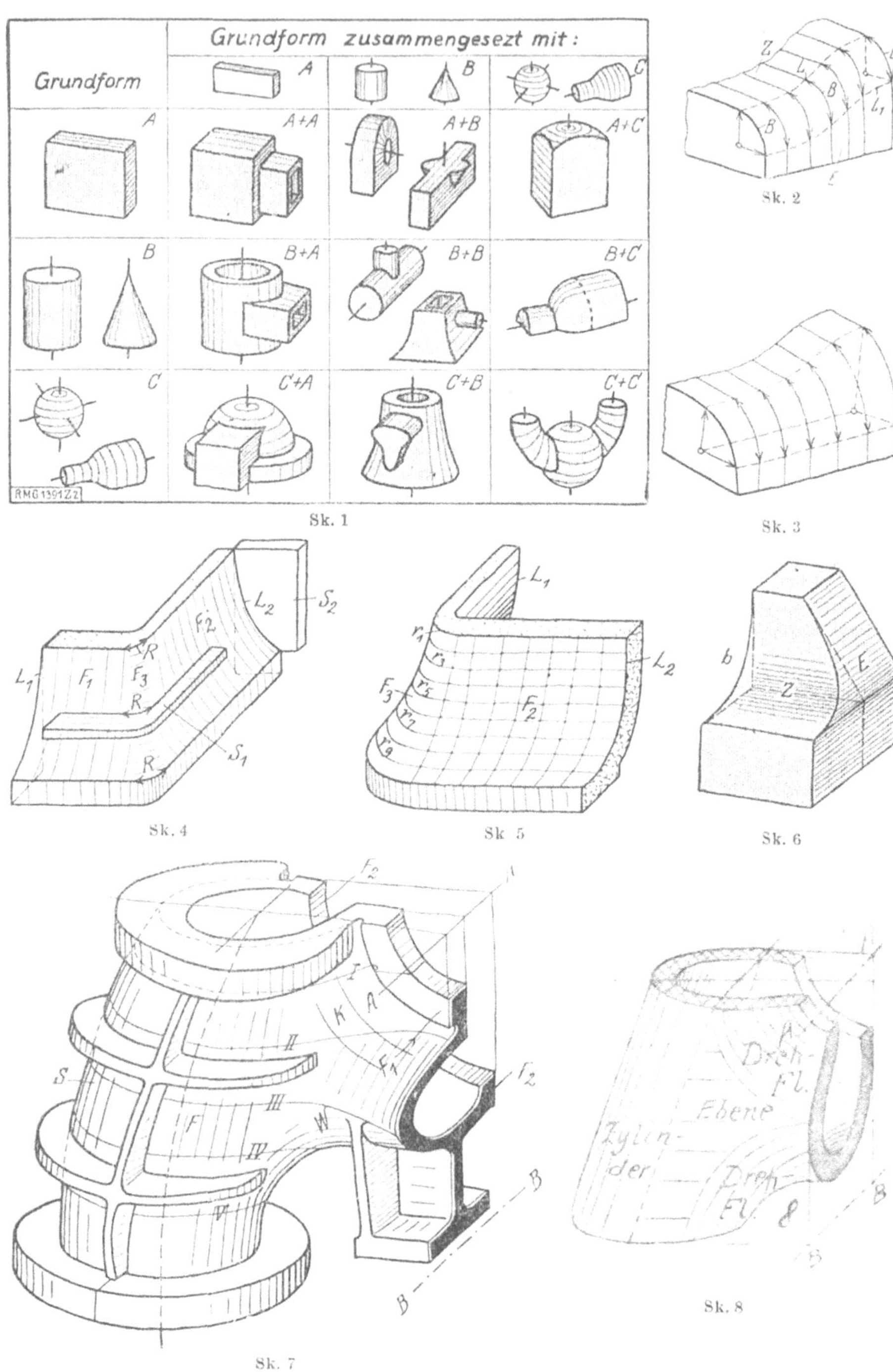

Reihe R 52. Skizze 1. Grundformen und zusammengesetzte Bauformen. — Skizze 2 u. 3. Übergangsflächen vom Zylinder zur Ebene. — Skizze 4 bis 6. Führungsbestimmte Flächen und Schichtlinienflächen. — Skizze 7. Abdampfstutzen für Dampfturbine (I bis V: Schichtlinien). — Skizze 8. Stutzen mit führungsbestimmten Flächen.

Neben dem **Hohlraum** sind für die Hauptform des Gehäuses noch maßgebend die **Teilung** und die **Stützung** des Gehäuses. Von Nebenformen seien erwähnt: Übergangsformen, Öffnungen, Deckel, Angüsse, Paßflächen, Flanschen, Füße, Rippen, Verschraubungen usw. (s. Reihe *R 51* u. *R 52*). Auf den Kern, die Teilung und Stützung soll nun näher eingegangen werden.

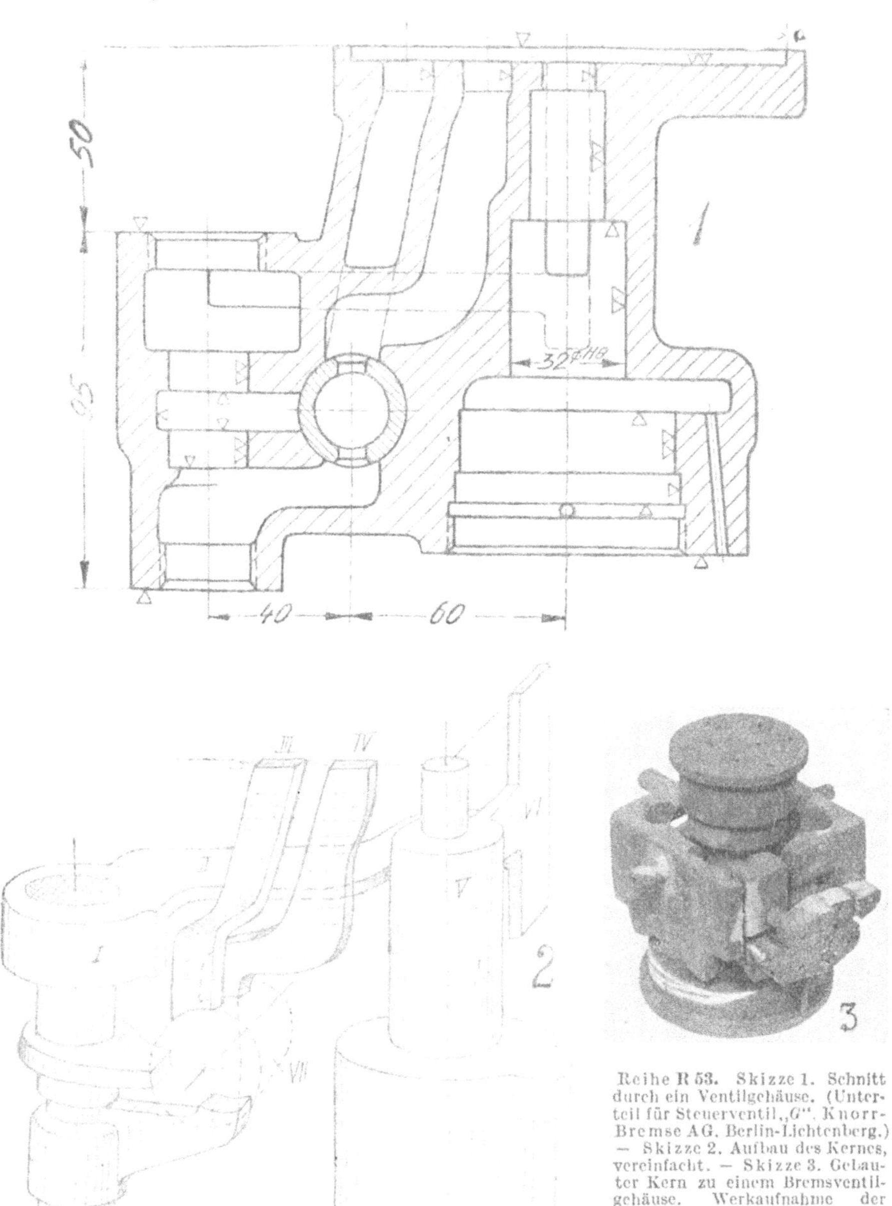

Reihe R 53. Skizze 1. Schnitt durch ein Ventilgehäuse. (Unterteil für Steuerventil „G". Knorr-Bremse AG. Berlin-Lichtenberg.) — Skizze 2. Aufbau des Kernes, vereinfacht. — Skizze 3. Gebauter Kern zu einem Bremsventilgehäuse. Werkaufnahme der Eisen- und Stahlwerke Meier u. Weichelt, Leipzig.

a) Der Kern.

Die Herstellung einfacher Kerne, die gut gelagert werden können, bereitet keine Schwierigkeiten. Im Gegensatz dazu gibt es Kerne oder Kerngruppen, die sorgfältig **konstruiert** werden müssen und die meist erst nach mehreren Probeabgüssen ihre endgültige Form erhalten. So zeigt Reihe *R 53*, Skizze *2* einen „gebauten" Kern zu einem Steuerventilgehäuse nach *R 53/1*. Eine andere Kerngruppe zu einem ähnlichen Ventil ist aus *R 53/3* ersichtlich.

Wesentlich einfacher sind die Kerne, die ich in Reihe *54* und *55* dargestellt habe. Aber es handelt sich um Eckventile und Regelventile der AEG, die für Heißdampf

Reihe **R 54.** Skizze 1. Ventilgehäuse, AEG. – Skizze 2. Ventilgehäuse, AEG. – Skizze 3. Kern zu Sk. 1.

und einen Druck von 64 und 160 at bestimmt sind und an deren Festigkeit und Dichtheit die höchsten Anforderungen gestellt werden! Das Doppelsitzventil *R 54/1* ist für einen höchsten Dampfdruck von 64 kg/cm² gebaut. Skizze *3* zeigt den Kern im Schnitt[1]. Der Dampf strömt von rechts ein und geht zur Hälfte durch den unteren Ventilsitz nach unten. Die andere Hälfte strömt durch den oberen Ventilsitz und gelangt durch den Kanal *K* zur Ausströmung. Der Kern für diesen Kanal muß im Querschnitt dem erforderlichen Dampfquerschnitt entsprechen. Man beachte, daß die Wandstärke bei *a* von der Übereinstimmung zwischen Modell und

[1] Bei allen Kernen ist stets nur der Kernkörper gezeichnet, ohne Kernlager, Kerneisen und sonstigen Einlagen, die nach den besonderen Erfahrungen der Gießerei im Einvernehmen mit dem Konstrukteur anzuordnen sind.

Kernkasten, von der Form und Lagerung des fertigen Kernes und von der Übereinstimmung zwischen dem Modell und der Gußform abhängt. Man achte überhaupt auf alle Stellen, an welchen eine Bauform in die andere übergeht. Nur in einigen Fällen (z. B. Übergang vom Hohlzylinder zur Hohlkugel) ist der Übergangskörper am Kern und Modell ein Drehkörper, wodurch die Rundungshalbmesser für Kern und Modell genau bestimmt sind und der Werkstätte angegeben werden können. Meist können die Rundungen nur an einigen Stellen eingeschrieben werden, für die zwischenliegenden Stellen wird die Ausführung der Übergänge am Modell und Kern dem Modelltischler überlassen. (Man beachte die Übergänge in Reihe *71/1*, bei *a* und *b* und in *R 51*, Skizze *13*.)

Das Gehäuse (Reihe *54*, Skizze *2*) ist für einen höchsten Dampfdruck von 160 kg/cm² bemessen. Hier hat das Gehäuse Kugelform und der Raum für den

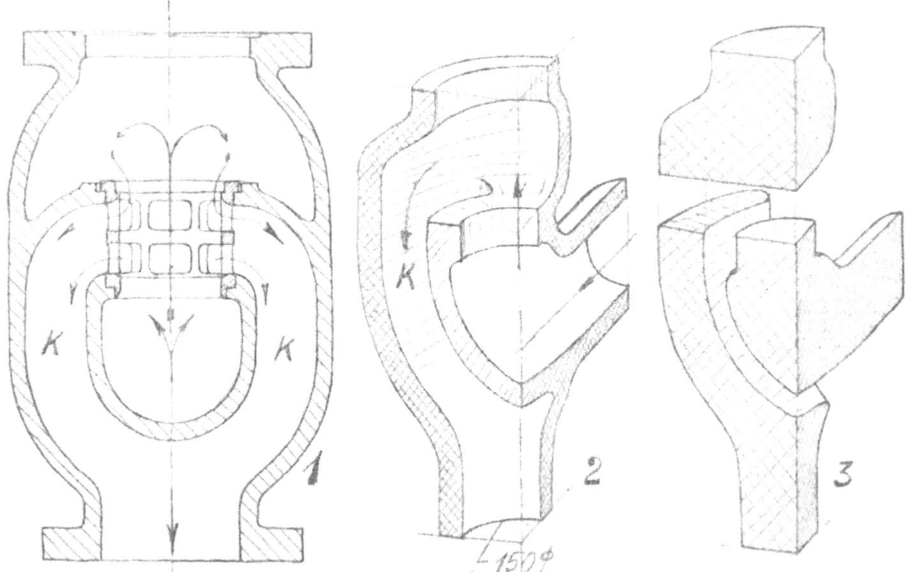

Reihe R 55. Skizze 1. Ventilgehäuse mit Doppelsitz-Ventil und zweiseitiger Abströmung (AEG) — Skizze 2. Ventilgehäuse, Bauart Wyss, Tellerventil, zweiseitige Abströmung. — Skizze 3. Kern zu Sk. 2 (Aufbauskizze).

Kanal *K* wurde dadurch gewonnen, daß Mitte Ventilsitz gegen Mitte Kugel verschoben ist.

Ein Doppelsitzregelventil mit zwei seitlichen Abströmkanälen *K* zeigt Reihe *55*, Skizze *1*. Der Dampf gelangt vom Einströmstutzen aus unter und über das Ventil und strömt durch die Sitze, den Korb und die beiden Kanäle nach unten. Bei einseitiger Abströmung besteht die Gefahr, daß das Ventil vom Dampfstrom gegen die Führung gedrückt und auch der Sitz einseitig abgenutzt wird. Bei den gut geführten, ziemlich schweren Ventilkegeln (vgl. *R 56/2*) und den auflegierten Sitzen ist diese Gefahr nicht allzu groß. Für die Dampfführung ist die Teilung und Wiedervereinigung des Dampfes nicht günstig.

Die Form eines Eckventils (einsitziges Tellerventil) für 64 kg/cm² Dampfdruck ist aus Reihe *56*, Skizze *1* (Waagrechtschnitt) und Reihe *55*, Skizze *2* und *3* ersichtlich (Gehäuse und Kern im Viertelschnitt).

Das Tellerventil und das Doppelsitzventil *R 54/2* sind für das gleiche Dampfvolumen bestimmt. Zu dem Doppelsitzventil für 160 kg/cm² nach Reihe *R 54/2* schreibt Professor Dr. techn. E. h. E. A. Kraft, der mir diese Unterlagen gütigst zur Verfügung gestellt hat: „Gegenüber dem anderen Doppelsitzventil ist der Durchgangsquerschnitt nur etwa der dritte Teil; da das spezifische Dampfvolumen auch nur etwa ein Drittel des Dampfvolumens bei 64 kg/cm² beträgt, ist die Geschwindigkeit in dem kleineren Doppelsitzventil mit genügender Genauigkeit etwa die gleiche wie bei dem größeren. Ich habe dieses Beispiel noch angeführt, um den Einfluß der Drucksteigerung auf die Abmessungen der Bauteile herauszustellen".

Kern im Kern. In der 1. Auflage (1929) seines Buches Kompresserlose Dieselmaschinen gibt Professor Dr.-Ing. E. Sass einen ungemein lehrreichen Einblick in das Planen und die Fertigung einer Neukonstruktion in einem großen Werk. Er schreibt über die Zylinderdeckel:

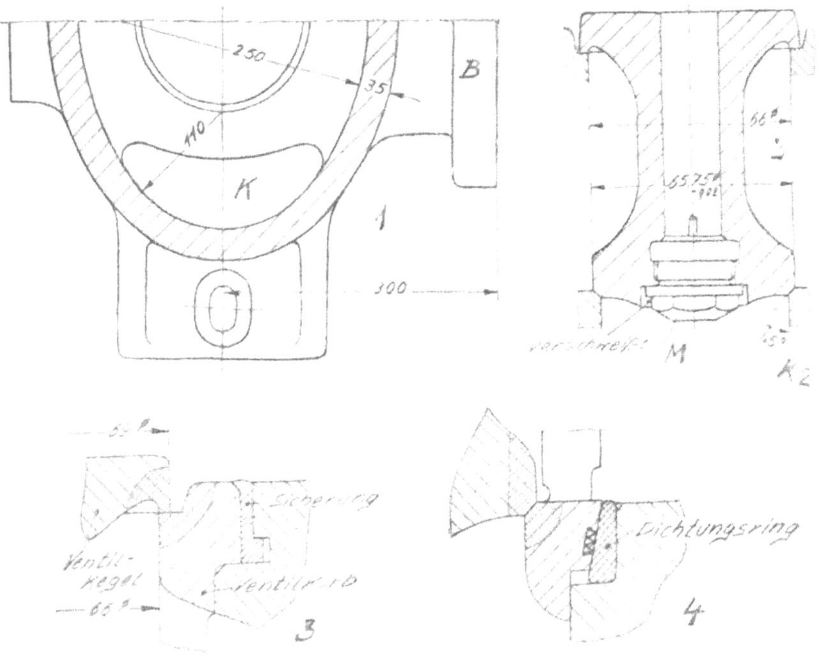

Reihe R 56. Skizze 1. Waagrechtschnitt zu Skizze 55/2. — Skizze 2. Ventilkegel zu Skizze R 54/2. — Skizze 3 u. 4. Ausbildung des Sitzes und Befestigung des Ventilkorbes (AEG).

„Die Zylinderdeckel von Viertaktmotoren sind immer komplizierte und schwierig herzustellende Gußstücke, deren Material sorgfältig nach der mittleren Wandstärke abgestimmt werden muß. Es ist unmöglich, sie spannungsfrei zu gießen, und auch das Glühen mit 500 bis 550° C, das nicht unterbleiben sollte, wird kaum alle Gußspannungen beseitigen. Im Betrieb kommen (zu den von den Verbrennungsdrücken herrührenden Beanspruchungen) die beträchtlichen Spannungen hinzu, die durch die ungleiche Erwärmung auf der Gasseite und Wasserseite verursacht werden, und es ist daher erklärlich, wenn die Lebensdauer der Deckel oft nur begrenzt ist."

Seither sind zehn Jahre vergangen. Durch zahlreiche Forschungsarbeiten und Betriebsversuche ist man heute über die Temperaturverteilung in den Deckeln, über Spannungen und Formänderungen, über die Wandstärkenempfindlichkeit der verschiedenen Werkstoffe, über den Einfluß der Legierungszusätze, über die Unterschiede und Verwendungsgrenzen von weichen (nachgiebigen) und harten (steifen) Deckeln, über den Einfluß der Rippen usw. besser unterrichtet als damals, die

Lebensdauer der Deckel hat zugenommen, die Ausschußgefahr beim Guß hat abgenommen — aber auch heute gilt noch der Satz, daß es sich um schwierig herzustellende Gußstücke handelt. Hier soll nur auf die Kerne eingegangen werden. In Reihe *R 57*, Bild 1 und 2 ist der Deckel im Querschnitt und Waagrechtschnitt, in Reihe *R 58/1* in Perspektive und im Viertelschnitt dargestellt[1].

Der Deckelboden, die Ventilkanone *d* und der Auspuffstutzen sind der Wirkung der heißen Gase ausgesetzt. Sie müssen daher durch Wasser gekühlt werden. Der Weg des Kühlwassers ist durch die Pfeile *1* bis *9* bezeichnet. Der Wasserkörper deckt sich mit dem Kernkörper. Die Kerne für *d, a* und *h* und für die Deckelschrauben *S* liegen in diesem Kernkörper.

Der Konstrukteur muß sich klar sein, welche Anforderungen er damit an die Gießerei stellt. Aus *R 57/3* sind die Kerne ersichtlich, die für ein Schraubenloch

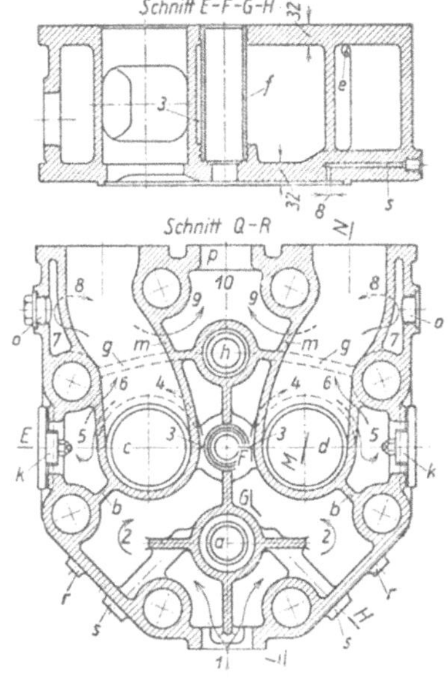

Abb. 1 u. 2

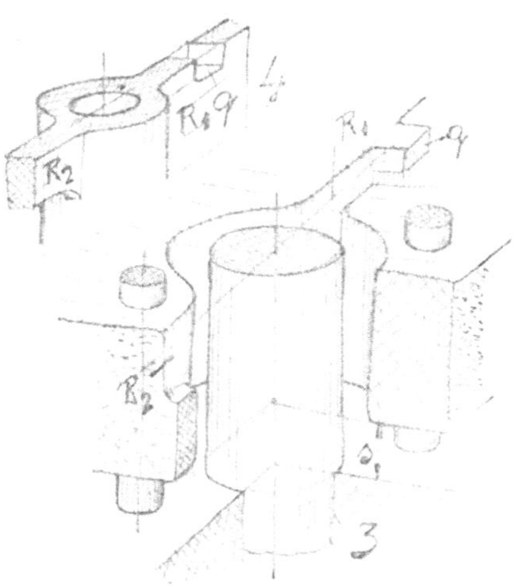

Reihe R 57. Abb. 1 u. 2. Querschnitt und Waagrechtschnitt durch einen Zylinderdeckel, Viertaktmotor der AEG, aus Fr. Sass, Kompressorlose Dieselmaschinen, Berlin, Julius Springer, 1929. — Skizze 3. Ausbildung des Kernes an einem Stutzen mit Rippe. — Skizze 4. Zu Sk. 3 gehöriger Gußkörper.

und für eine anlaufende Rippe erforderlich sind. Die Rippe R_1 ist oben mit einem Kern *q* für ein Entlüftungsloch versehen, die Rippe R_2 hat nur die Höhe *h*.

Maßgebend für den Aufbau des Deckels ist die Ventilkanone *d*. Reihe *R 58*, Sk. *2* bis *4* zeigt die Kerne. Dabei ist angenommen, daß der Stutzen anfangs kreisrunden Querschnitt besitzt, der später in ein Quadrat mit abgerundeten Ecken übergeht. Die Skizzen zeigen die grundsätzliche Anordnung der zugehörigen Kerne, ohne Einlagen und ohne Teilfugen.

Aus dem Bild sind auch noch Rippen R_3 und R_4 zur Leitung des Kühlwassers ersichtlich.

[1] Sind Längsschnitt und Waagrechtschnitt eines Baukörpers gegeben, so läßt sich sein perspektives Bild nach wenigen einfachen Regeln rein zeichnerisch darstellen. Aber der Konstrukteur, der vor einer Gestaltungsaufgabe steht, darf nicht den Weg des Abzeichnens betreten, er muß den Baukörper aufbauen, aus den einzelnen Bauformen zusammensetzen, so wie der Former die Gußform mit Hilfe des Modelles und der Kerne zusammensetzt.

Die Skizzen *R 57* und *R 58* lassen auch erkennen, wie der Konstrukteur die im Schrifttum enthaltenen Abbildungen zergliedern und den so gewonnenen Einblick später für seine eigenen Arbeiten verwerten kann.

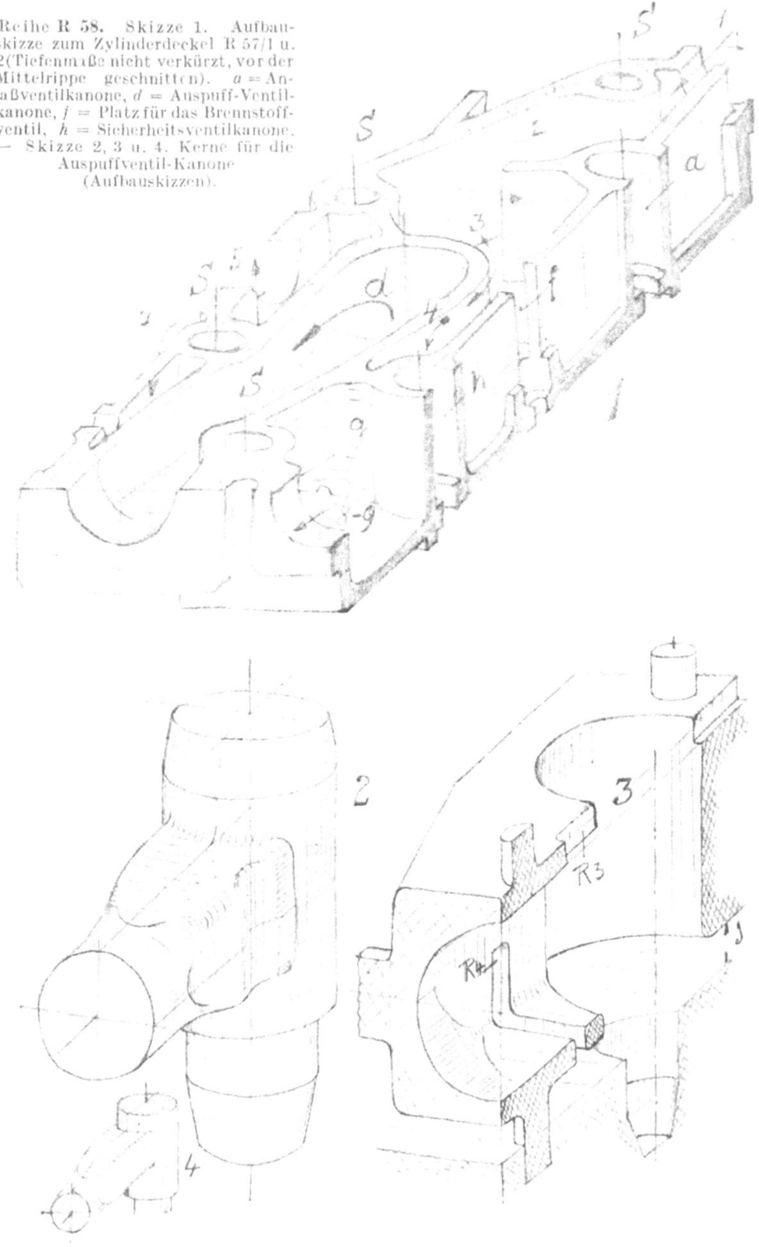

Reihe R 58. Skizze 1. Aufbauskizze zum Zylinderdeckel R 57/1 u. 2 (Tiefenmaße nicht verkürzt, vor der Mittelrippe geschnitten). *a* = Anlaßventilkanone, *d* = Auspuff-Ventilkanone, *f* = Platz für das Brennstoffventil, *h* = Sicherheitsventilkanone. — Skizze 2, 3 u. 4. Kerne für die Auspuffventil-Kanone (Aufbauskizzen).

Mit dem Einblick in die Form ist es aber nicht getan, es muß der Einblick in die Vorgänge, die sich in der Hohlform und den Wandungen abspielen, hinzukommen.

Schon vorhin wurde erwähnt, daß die heißen Verbrennungsgase einen sehr ungünstigen Einfluß auf den Deckel ausüben. Namentlich das Auspuffventil und der Ausströmstutzen drücken bei der Ausdehnung durch die Wärme gegen die Boden- und Seitenwände und können dadurch Risse verursachen. Man hat versucht, durch mehrteilige Zylinderdeckel, durch besondere Kühlböden, durch nachgiebige Rippen usw. diese Nachteile zu beheben.

Bei Skizze *R 59/1* hat der Zylinderdeckel einen starken (steifen) Boden mit nachgiebigen Nachbarteilen. Nach Professor O. Kraemer (Z. VDI. 1938, S. 323) tritt „bei der Beheizung des Bodens eine Durchwölbung nach dem heißen Raum zu auf, die von den absichtlich dünnwandigen, balgartigen, mit sorgfältigen Übergängen anstoßenden Nachbarteilen ohne Anstrengung mitgemacht werden kann“.

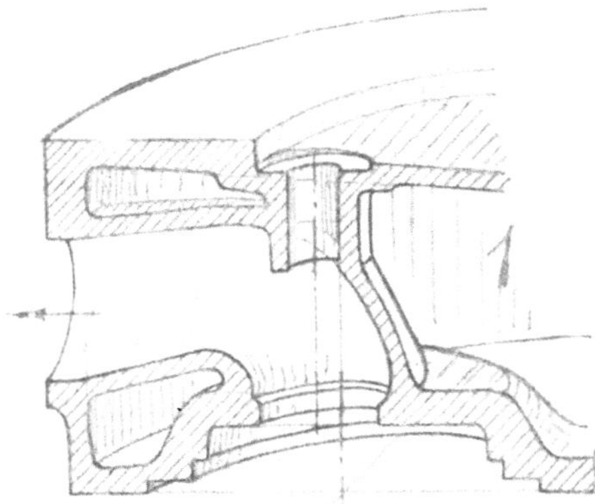

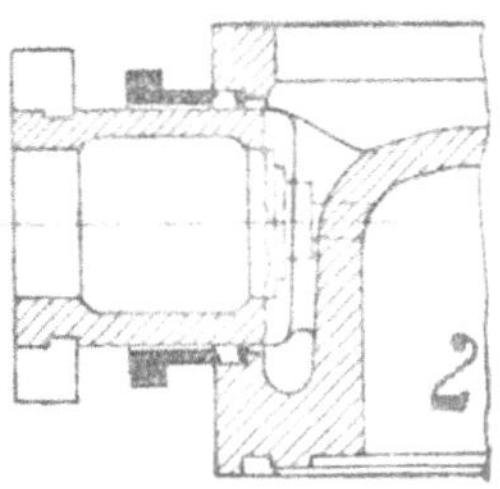

Reihe R 59. Skizze 1 u. 2. Neuere Zylinderdeckel für Dieselmotoren.

Skizze *59/2* zeigt einen Boden für einen Zweitaktmotor, bei der die seitlich angegossene Kanone für das Sicherheitsventil nachträglich freigestochen wird, so daß sie die Formänderungen des Bodens in keiner Weise behindert. Der Spalt wird durch eine Stopfbüchse gegen das Kühlwasser abgedichtet.

Da bei den Zweitaktmotoren keine Ein- und Ausströmventile im Deckel erforderlich sind, ist die Konstruktion des Zylinderkopfes wesentlich einfacher. Der Boden wird allerdings heißer, als bei den Viertaktmaschinen, da die Kühlung durch die Ansaugeluft wegfällt und bei jedem 2. Hub eine Zündung erfolgt.

b) Teilung und Stützung.

Reihe *R 60* zeigt Grundsatzskizzen von Schnecke und Schraubenrad (Schnecke unten liegend) und eine Formenreihe für das einhüllende Gehäuse (Hüllformen).

Die weitere Gestaltung ist von der Anordnung der Teilfugen und von der Lage der Stützflächen abhängig[1].

Für die Form „*b*“ mit Stützfläche unten sind für ein zweiteiliges Gehäuse in Reihe *60,* Skizze A, die möglichen Teilfugen *1—1, 2—2* und *3—3* eingetragen. Kleinere Gehäuse können einteilig, mit einer großen Öffnung *4—4* und Deckel ausgeführt werden; größere Gehäuse sind oft dreiteilig (waagerechte Teilfugen durch die Schnecken- und Schraubenradachse).

[1] Vgl. die Bedeutung der Teilfuge bei den Schubstangenköpfen (*R 11* und *R 14* bis *R 16*, Über Stützungen siehe S. 55. Das Fügen beim Zusammenbau behandelt ausführlich Prof. Dr. O. Kienzle, Werkstattstechnik Jg. 34, 1940, S. 385.

In Reihe *66* und *67* sind einige Schneckengehäuse dargestellt. Ihre Entwicklung wird in dem Unterabschnitt Schneckengehäuse auf S. 78 erläutert.

Man wird natürlich bestrebt sein, die Zahl der Gehäuseteilfugen möglichst zu beschränken. Denn ihre Zahl erhöht die Herstellungskosten und die Bearbeitungszeit, erschwert den Zusammenbau und vermehrt (bei hohem Innendruck) die Gefahr von Undichtheiten.

So zeigt Skizze *R 61/1* eine ältere Ausführung eines Rootsgebläses mit zwei Gehäuseteilfugen, die Skizze *R 61/2* und *R 62* eine neuere Konstruktion mit nur

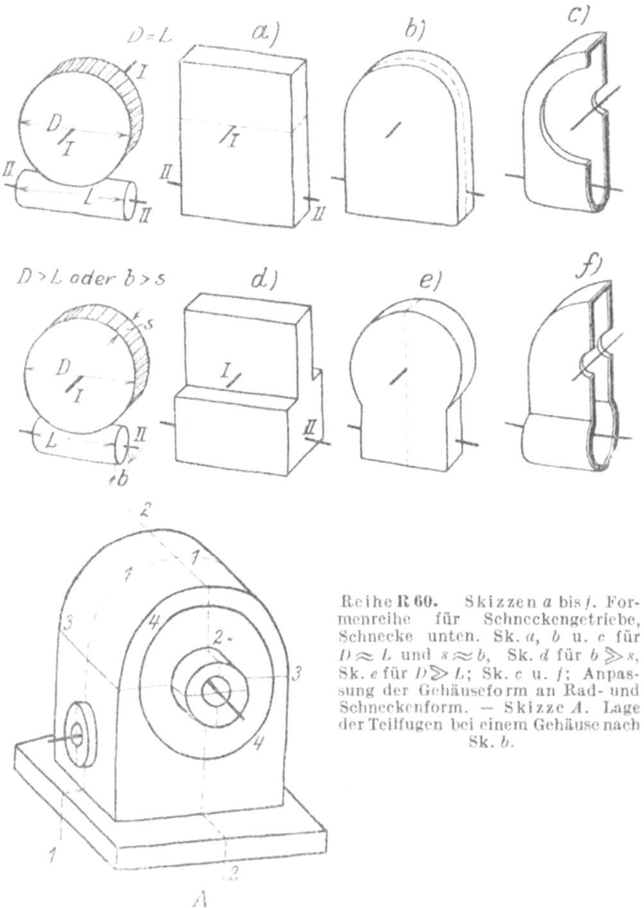

Reihe R 60. Skizzen *a* bis *f*. Formenreihe für Schneckengetriebe, Schnecke unten. Sk. *a*, *b* u. *c* für $D \approx L$ und $s \approx b$, Sk. *d* für $b \gg s$, Sk. *e* für $D \gg L$; Sk. *c* u. *f*; Anpassung der Gehäuseform an Rad- und Schneckenform. — Skizze *A*. Lage der Teilfugen bei einem Gehäuse nach Sk. *b*.

einer Teilfuge. Bei dem dreiteiligen Gehäuse sind die Lager in Lagerschilden untergebracht, die Kolben oder Flügel müssen gegeneinander und gegen die Gehäusewand genau abdichten. Das zweiteilige Gehäuse mit Mittelfuge besteht aus zwei ganz gleich gestalteten, topfförmigen Seitenteilen; Lagerstellen und Gehäusewand können in einer Aufspannung bearbeitet werden. Schwierig ist die Ausbildung der Flanschen und der Verschraubung bei Gehäusen für hohe Drücke und hohe Temperaturen, namentlich dann, wenn die zusammengeschraubten Flanschen dauernd oder während des Anheizens verschieden hohe Temperaturen besitzen und sich verschieden stark ausdehnen, vielleicht sogar aus verschiedenem Werkstoff

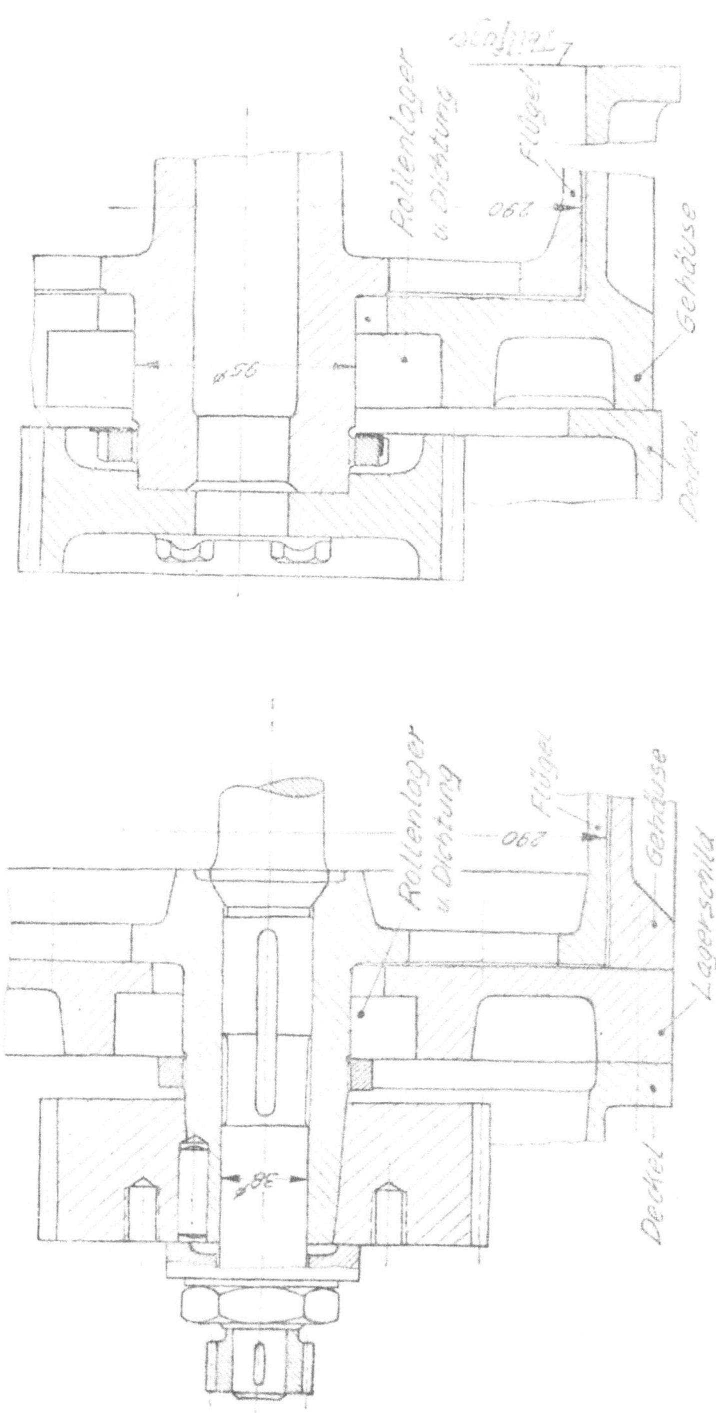

Reihe R 61. Skizze 1. Gehäuse mit zwei Lagerschilden. – Skizze 2. Zweiteiliges Gehäuse mit Mittelfuge. Ältere und neuere Bauart der Klöckner-Humboldt-Deutz AG.)

bestehen. Ich möchte darüber nur ein Beispiel bringen, zu dem ich die Unterlagen von Oberingenieur Kaehler (vormals Konstruktionschef der Turbinenabt. der Bergmann-El.W.A.G.) erhalten habe.

In Reihe *63*, Skizze *1* bis *4*, stellt *b* das Turbinengehäuse und *a* das Lager-

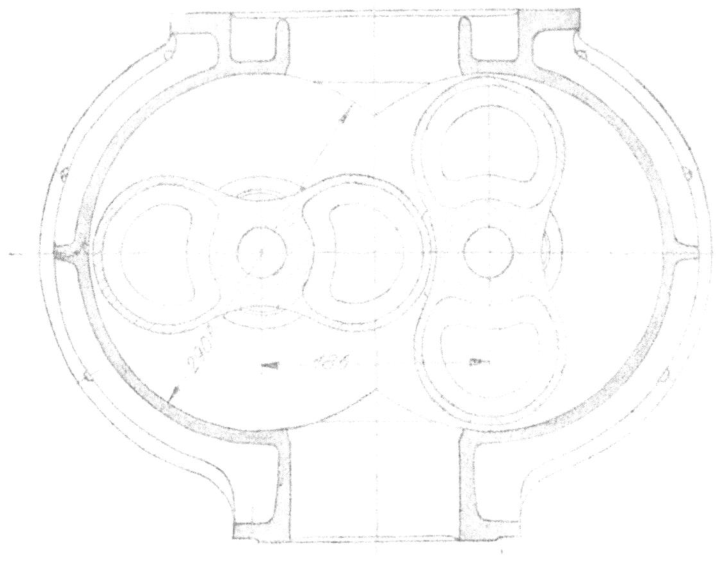

Reihe **R 62.** Rootsgebläse. Querschnitt zu R 61/2.

gehäuse dar. In *b* befindet sich die Stopfbüchse mit Labyrinthdichtung, in *a* das Lager für die Turbinenwelle. Die Lagerböcke stützen sich auf die Grundplatte, das Gehäuse hängt frei zwischen den Lagerböcken. Damit — auch bei ungleichmäßiger Erwärmung — die Mitte Stopfbüchse mit der Mitte Lager zusammenfällt, ist eine

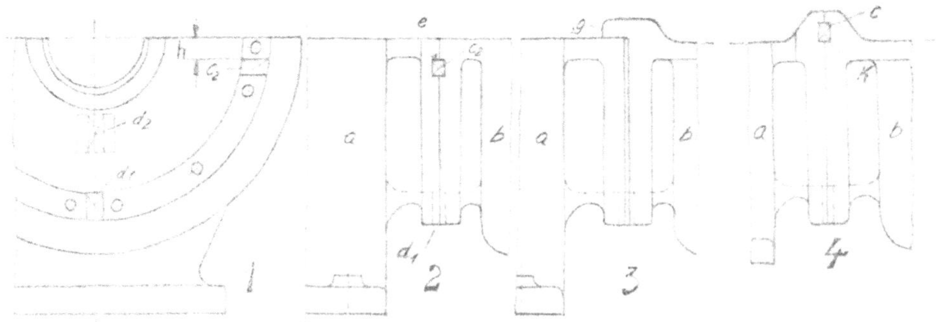

Reihe **R 63.** Skizze 1 bis 4. Senkrechte Teilfuge zwischen Lagergehäuse *a* und Turbinengehäuse *b*.

Kreuzführung vorgesehen, die aus Paßfedern *c* und *d* besteht, die in entsprechenden Nuten gleiten (vgl. die Skizze *R 64*). Oberingenieur Kaehler schreibt dazu:

„Mit Rücksicht auf die Gehäuseteilfuge hat man zwei Jahrzehnte lang die waagerecht liegenden Federn *c* in Skizze *1* und *2* um ein konstruktiv gegebenes Maß *h* unterhalb der Teilfuge angeordnet. Sind die Federn *c* dabei am Lagerbock *a* angeschraubt, so ist *e* die Gleitfläche. Beträgt beispielsweise der Abstand $h = 80$ mm und der Temperaturunterschied zwischen Gehäuse u. Lagerbock 200°, so hebt sich bei Erwärmung die Gehäusemitte gegen die Lagerbockmitte um $\approx 0{,}2$ mm. Man ist also bei dieser Anordnung gezwungen den radialen Spalt der Stopfbüchse um mindestens 0,2 mm zu vergrößern, um ein Anstreifen der Dichtungsteile zu verhindern.

Diese Erkenntnis führte 1927 zur Verlegung der waagerechten Gleitflächen in die Ebene der Gehäuseteilfuge. Die Skizzen *R 63, 3* und *4* und *R 64, 1* bis *3* zeigen Ausführungen dieser Bauart (Patent von Bergmann für Kaehler, DRP. 511384).

Durch zylindrische oder schwachkonische Bolzen (Skizze *R 17/1*) vermeidet man das lästige Einpassen der rechteckigen Federn, das nach dem Einstellen des

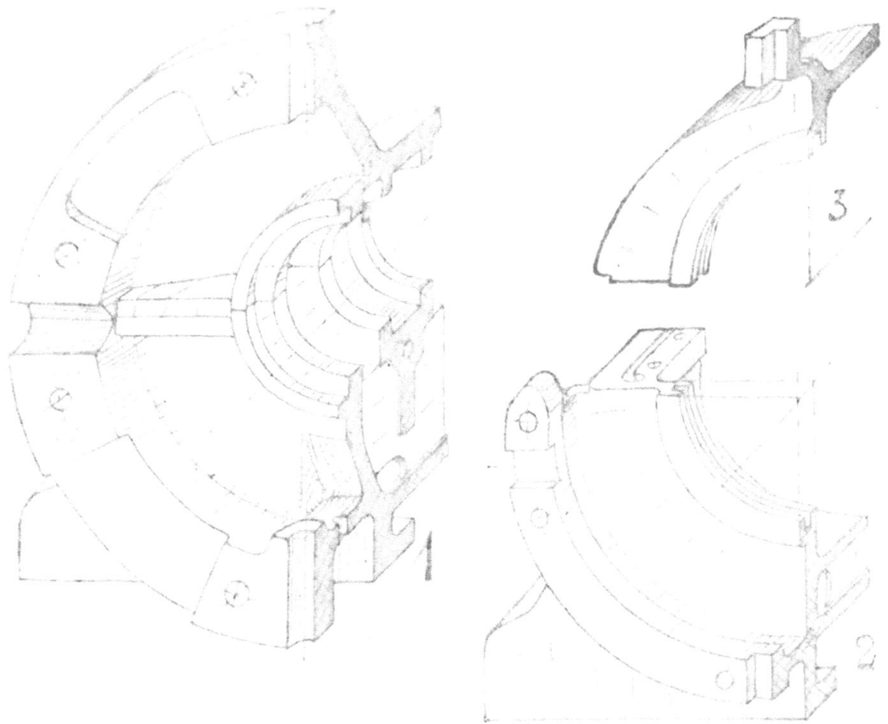

Reihe **R 64.** Skizze 1. Lagergehäuse mit durchlaufendem Flansch. — Skizze 2. Lagerunterteil. Flansch mit 3 Führungsnuten. — Skizze 3. Lagerdeckel zum Unterteil Sk. 2 mit Arm für die 4. Führungsnut.

Gehäuses zum Lagerbock vorgenommen werden muß. Bei der Bolzenführung werden die Aufnahmelöcher durch Bohren und Reiben hergestellt.

Zu beachten ist, daß das Festschrauben der Keile im Gehäuse anstatt im Lagerbock, was bei Stahlgußgehäusen wegen der günstigeren Gleitbedingungen von Gußeisen auf Stahl erwünscht sein kann, eine Verlegung der Gleitfläche auf die untere Tragfläche K zur Folge hat, also höher liegende Federn erfordert (*R 63/4*).

Wird durch verschieden starkes Anziehen der Befestigungsschrauben oder sonstige Einflüsse die Reibung bei der einen in der Waagerechten liegenden Feder (c_1) größer als bei der andern (c_2), so kann eine bei den kleinen Stopfbüchsenspalten gefährliche Verlagerung (Verkippen) des Gehäuses in waagerechter Richtung gegenüber dem Lagerbock vorkommen, insbesondere wenn der Abstand der Feder d_1 von Wellenmitte größer ist als die Abstände bei c. Man hat daher eine vierte Feder d_2

in der Verlängerung von d_1 möglichst dicht an der Stopfbüchse vorgesehen. Wegen der erzielbaren Genauigkeit sind für d_1 und d_2 zyl. Bolzen vorteilhaft.

Bei Gehäusen kleineren Durchmessers liegt die Feder d_1 bereits so dicht an der Stopfbüchse, daß d_2 nicht mehr ausführbar ist. Für solche Fälle hat man eine vollständige Kreuzführung ausgebildet. Diese Kreuzführung ist sehr wirkungsvoll, aber teuer; sie erfordert gute Festlegung des Lagerdeckels gegenüber dem Lagerbock, da d_2 genau senkrecht über d_1 liegen bleiben muß!

In Skizze *R 64/1* ist ein geschlossener Flansch vorgesehen, der zwar eine steife Verbindung zwischen Lagerbock und Gehäuse ergibt, das Gehäuse entlastet, aber konstruktiv unbequem ist.

In *R 64/2* nimmt der Lagerflansch nur drei Führungen auf, die vierte Führung ist in einem Arm des Lagerdeckels (*R 64/3*) angeordnet.“

Allgemein ist auf geringen Wärmeübergang vom Gehäuse zum Lagerbock zu achten. Bedenkt man noch die möglichen Verziehungen der Gehäuse, die Durchbiegung der Welle je nach Erwärmung und Auswuchtung, ihre Verlagerung infolge der Ölkeilbildung beim Anlaufen und Auslaufen usw., so wird man das Maß von Verantwortung erkennen, das der Konstrukteur übernimmt, wenn er auf Grund seiner Erfahrung, Schätzung und Berechnung der Werkstätte und dem Zusammenbau die Maße angibt, nach denen die Spalte bei der Wellenabdichtung auszuführen sind.

c) Schneckengehäuse.

Die Skizzen *R 65* zeigen Einzelheiten von geschweißten Schneckengehäusen. Man erkennt den Einbau der Lager, die Ausbildung der Teilfugen und der Stüt-

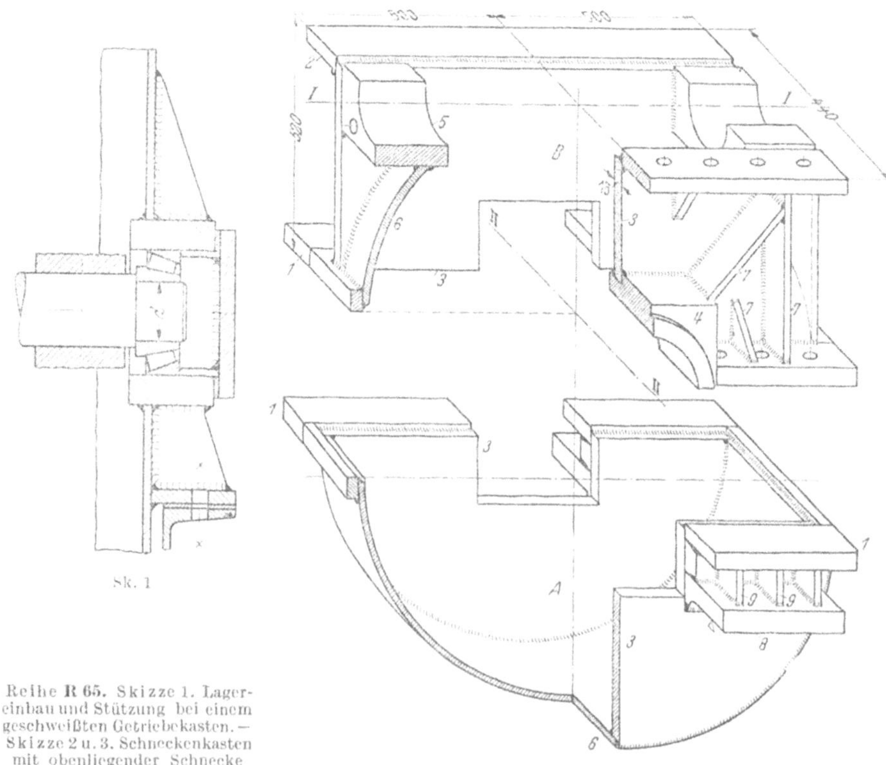

Reihe R 65. Skizze 1. Lagereinbau und Stützung bei einem geschweißten Getriebekasten. — Skizze 2 u. 3. Schneckenkasten mit obenliegender Schnecke (MAN).

Sk. 2 u. 3 (Aus Hänchen-Volk, Schweißkonstruktionen.)

zungen. Besonders einfach lassen sich Wälzlagergehäuse einbauen (vgl. Skizze *R 46*). Bei dem Gußgehäuse nach *R 66* umhüllt die Gehäusewandung den Hohlraum (Kern) für die obenliegende Schnecke und das unten liegende Rad, besteht also grundsätzlich aus zwei Hohlzylindern mit waagerecht liegenden, sich kreuzenden

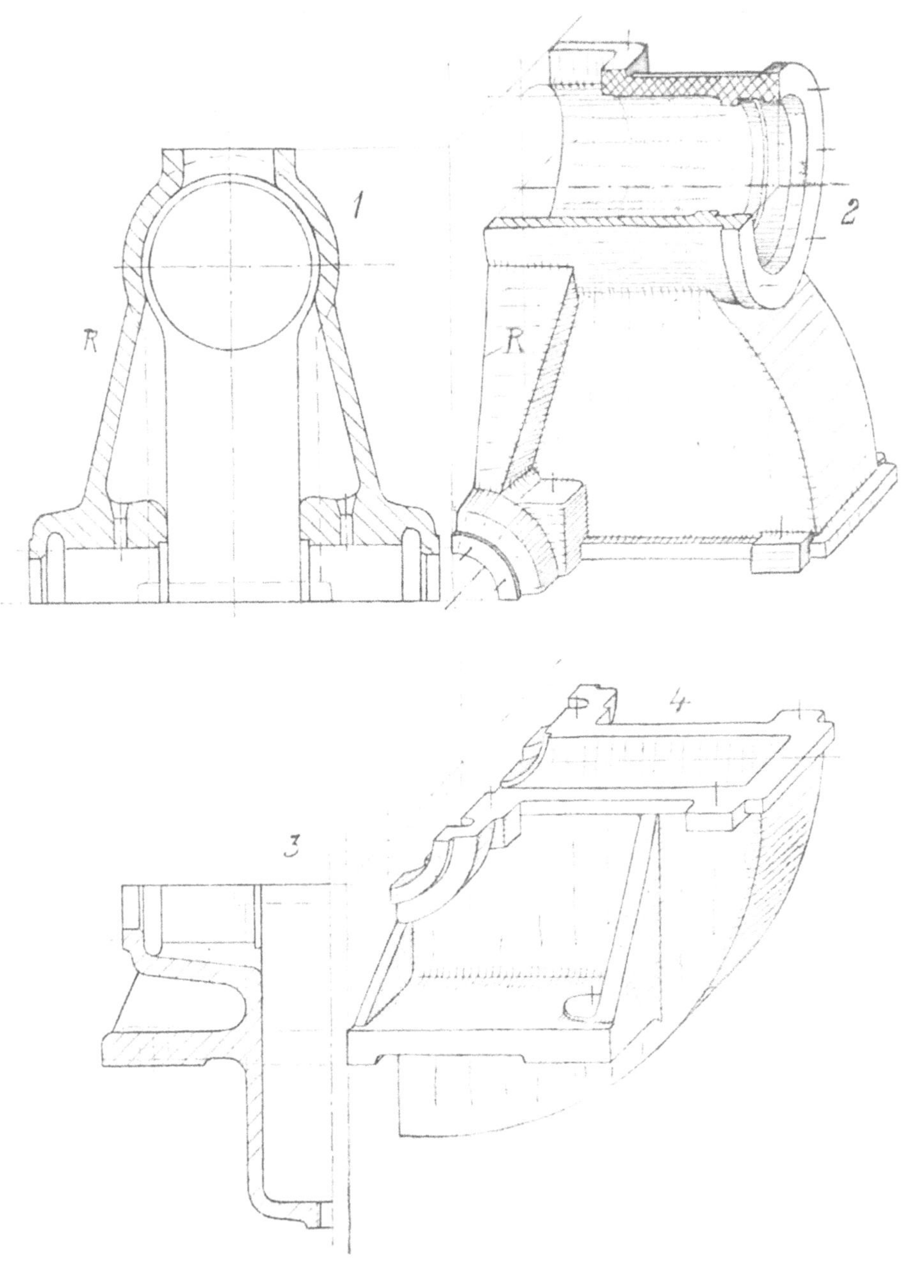

Reihe R 66. Skizze 1 bis 4. Schneckengehäuse für obenliegende Schnecke. (Elektrizitäts-AG. vorm. Kolben u. Co., Prag.) Schnitt und Aufbauskizze. (Man beachte die kleine konstruktive Änderung der Sk. 2 beim Titelbild.)

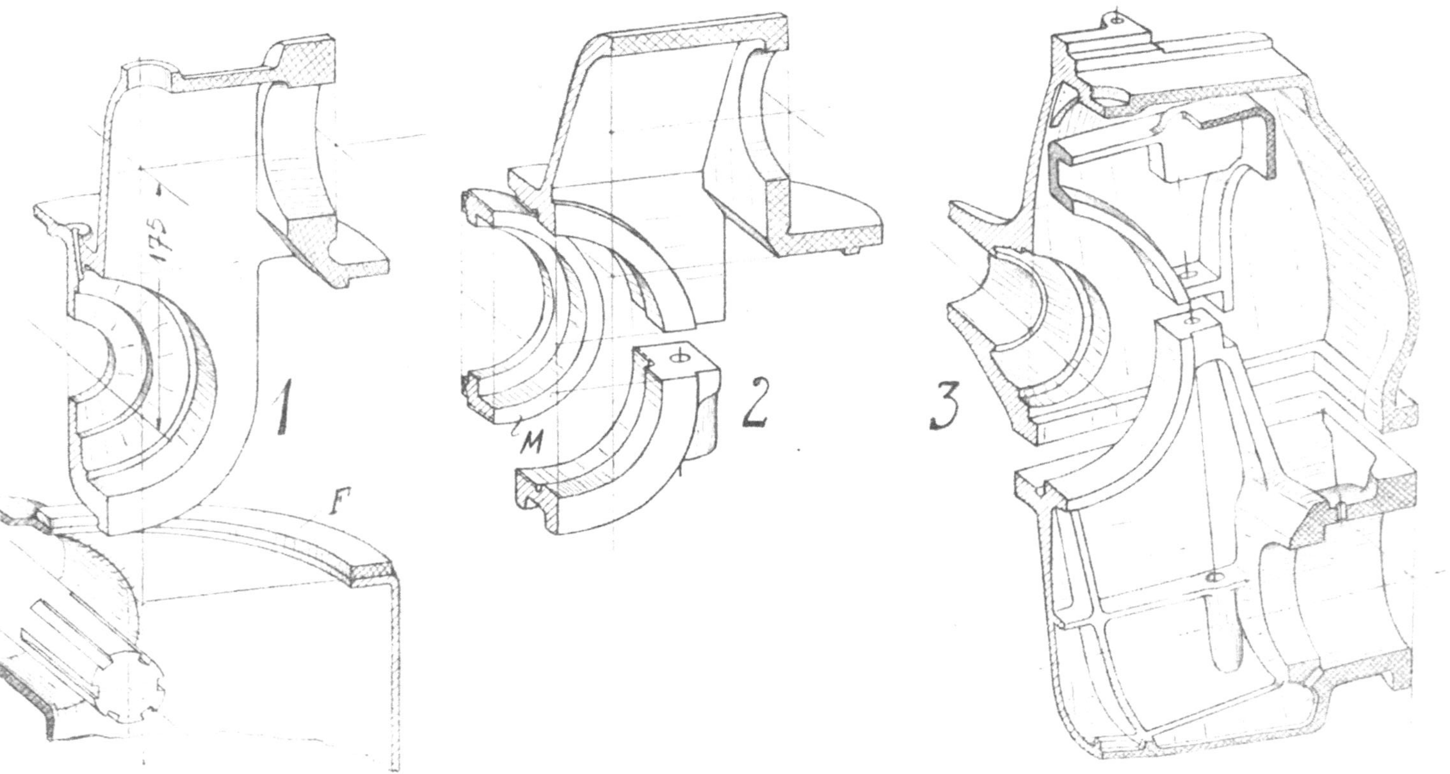

Reihe **R 67.** Skizze 1 bis 3. Schneckengehäuse für Achsantrieb, Aufbauskizzen.

Achsen. Zu beachten ist die Rippe *R*. Derartige Rippen, die gleichzeitig eine Versteifung des Kernes bedeuten, sind namentlich bei kerbempfindlichen Werkstoffen den hohen, schmalen Rippen mit rechteckigem Querschnitt vorzuziehen.

Sehr deutlich tritt der Einfluß der Stützung bei den Achsantrieben für Lastkraftwagen hervor.

Skizze *R67/1* zeigt eine ältere Ausführung, bei der die Achsbrücke aus einem topfartigen Gehäuse mit den anschließenden rohrförmigen Schenkeln gebildet wird. Der Achsdeckel, in dem die Schnecke und das Ausgleichgetriebe gelagert sind, wird als Ganzes von oben eingesetzt und mit dem runden Flansch *F* verschraubt.

In *R67/2* ist ein neueres Gehäuse skizziert. Die oben liegende Schnecke mit den Lagern wird von links eingeschoben, die Lager für das Ausgleichgetriebe sind geteilt. Bei Skizze *R67/3* liegt die Schnecke unten. Es handelt sich um einen seitlich liegenden Antrieb mit geneigter Schnecke. Das Schneckenrad kann durch Beilagen oder durch Stellmuttern (vgl. *R67/2*, Stellmutter *M*) beim Zusammenbau mit Vorspannung eingestellt werden. (Auf Einzelheiten und auf die Verbindungsteile des Getriebekastens mit dem Fahrgestell kann hier, wo es sich nur um die Gestaltung des Gehäuses handelt, nicht eingegangen werden.)

Die Größe und damit das Gewicht des Gehäuses hängt unmittelbar ab von den Abmessungen des Getriebes. Dr.-Ing. habil Fritz G. Altmann VDI, Düsseldorf (Rheinmetall-Borsig), dem ich auch einige Unterlagen zu den Skizzen *R67/2* u. *3* und *R68* verdanke, schreibt darüber (Z. VDI, Bd. 83 (1939) S. 1271/76):

„Mit der Anwendung gehärteter und geschliffener Stahlschnecken und verschleißfester Werkstoffe für die Schneckenradkränze wurden die zulässigen Zahnflanken-Belastungswerte immer größer. Anders ausgesprochen heißt dies: für das Übertragen einer bestimmten Leistung sind bei Verwendung hochwertiger Werkstoffe die Abmessungen der Räder und damit der Gehäuse entsprechend kleiner geworden. Mit dieser Entwicklung zu hoher Raumleistung nimmt aber leider die zur Kühlung zur Verfügung stehende, auf die Leistung bezogene Gehäuseoberfläche ab. Dies hat zur Folge, daß die Getriebetemperaturen unter Umständen eine unerträgliche Höhe erreichen und besondere Gegenmaßnahmen erfordern.“

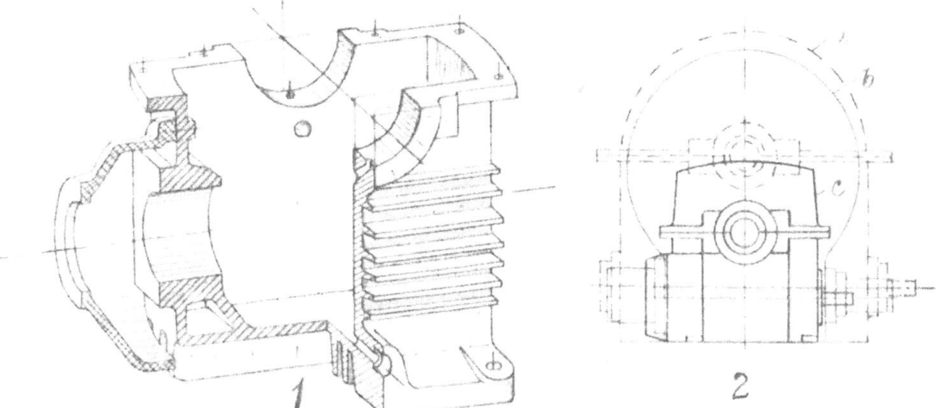

Reihe R 68. Skizze 1. Gehäuse für ein Schneckengetriebe mit hoher Raumleistung (links das Gehäuse f. d. Lüfter). — Skizze 2. Gegenüberstellung von Gehäusen für gleiche Leistungen.

Skizze *R68/1* zeigt die Aufbauskizze eines Gehäuses mit Kühlrippen.

Falls diese Maßnahme allein nicht ausreicht, kann auf der Schneckenwelle zusätzlich ein Lüfter angeordnet werden.

In Skizze 68/2 sind zwei ältere Getriebe *a* und *b* einem neuen Getriebe *c* nach *R68/1* für gleiche Leistungen gegenüber gestellt.

d) Kurbelgehäuse.

Der Chefingenieur der Argus-Motoren-Gesellschaft, Wehrwirtschaftsführer Dr.-Ing. Manfred Christian, den ich um Unterlagen über Kurbelgehäuse gebeten hatte, schreibt mir:

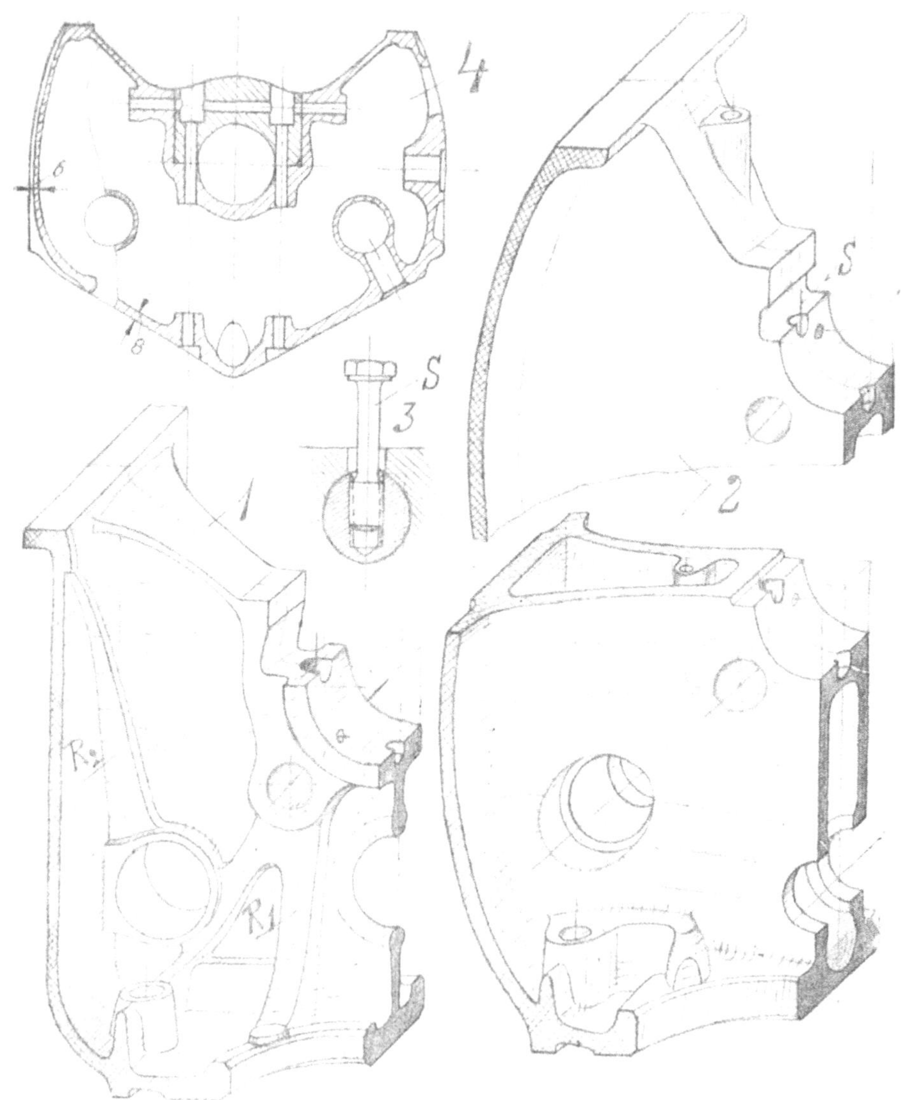

Reihe R 69. Skizze 1. Kurbelgehäuse, Argus-Motoren-Gesellschaft, ältere Ausführung. – Skizze 2. Kurbelgehäuse, Argus-Motoren-Gesellschaft, 1934. – Skizze 3. Schraube *S*. Muttergewinde in einem eingegossenen Stahlbolzen. – Skizze 4. Schnitt durch das Kurbelgehäuse eines luftgekühlten Reihenmotors. (Nach einem Vortrag von M. Christian in der Lilienthal-Gesellschaft, 1938.)

„Von den Argus-Konstruktionen könnte vielleicht die Entwicklung des Kurbelgehäuses aus Elektronguß für den 4-Zylinder-Flugmotor As 8 interessant sein. Aus den beiliegenden Zeichnungen[1] ist die alte Bauform zu ersehen und die verbesserte Bauform, die die Grundlage für die Entwicklung aller Kurbelgehäuse für größere Motoren bei Argus gebildet hat. Man ersieht (aus *R 69/1*), daß die Lagerstühle einwandig sind. Um die Last von den vier Zylinderbefestigungsschrauben auf die Lagerschrauben (*R 69/3*) zu übertragen, sind dicke Rippen (R 1) angeordnet. Da die flachen Seitenwände des Gehäuses zum Ausbeulen neigen, sind sie durch Rippen (R 2) versteift.

Bei dem neueren Gehäuse (*R 69/2*) sind die Seitenwände nicht mehr eben, sondern zeigen eine Tonnenform. Dadurch ist eine bedeutend größere Steifigkeit erreicht. Die Lagerstühle sind doppelwandig ausgeführt und, was sehr wesentlich ist, die Wände der Lagerstühle sind, soweit es die Ausführung der Kurbelarme zuläßt, so gekrümmt, daß das gesamte Gehäuse eine große Verdrehsteifigkeit erhält.

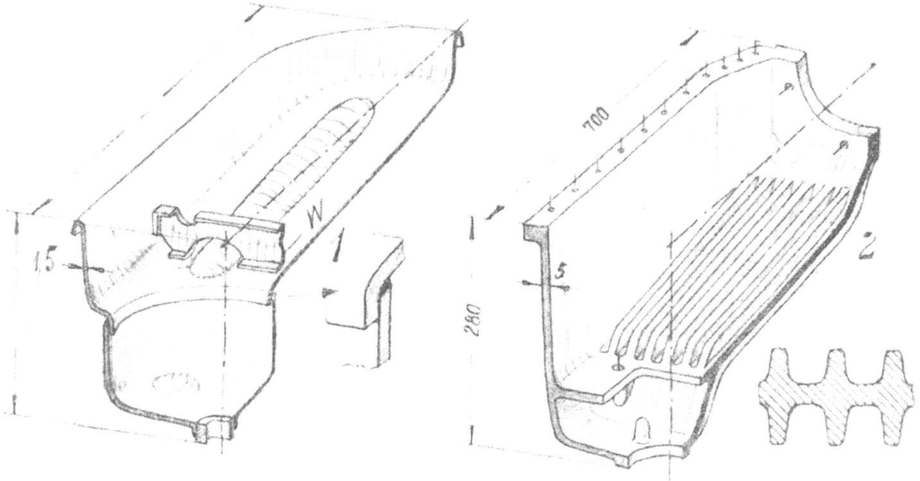

Reihe R 70. Skizze 1. Kurbelgehäuse-Unterteil. Unteres und oberes Wannenstück aus Stahlblech gepreßt und verschweißt. Humboldt-Deutz-Magirus, 1939 (Herstellungskosten $\approx 1/_6$ von der älteren Konstruktion). — Skizze 2. Kurbelgehäuse-Unterteil. Werkst.: Elektron. Humboldt-Deutzmotoren AG. 1934.

Aus der Darstellung ist ferner zu entnehmen, daß die Zylinderbefestigungsschrauben unmittelbar in die Wände des Lagerstuhles eingelassen sind. Es sind also keine Rippen mehr vorhanden, die bei Elektronguß besondere Neigung zu Dauerbrüchen hervorrufen können.“

Die vorhin erwähnte Weiterentwicklung ist aus Skizze *R 69/4* zu ersehen. Sie stellt das Kurbelgehäuse für einen luftgekühlten 12-Zylinder-Reihenmotor aus Elektronguß A 9 V dar.

Die Skizzen *R 70* zeigen Kurbelgehäuseunterteile für Fahrzeugdieselmotoren der Klöckner-Humboldt-Deutz AG.

Das Unterteil nach *R 70/2* (1934) ist aus Elektron gegossen und mit Kühlrippen versehen. Bei einer neueren Bauart (1939) ist die aus zwei Teilen zusammengesetzte Wanne (*R 70/1*) aus Blech gepreßt und durch Sicken und zwei Querwände *W* versteift.

Auf größere Stückzahl bezogen, sind die Herstellungskosten und Lieferzeiten der neuen Bauart und der in cm^3 gemessene Werkstoffaufwand wesentlich geringer.

[1] Nach denen ich die Skizzen *R 69/1* und *R 69/2* entworfen habe.

Rohrleitungen und Leitungsschalter.

a) Hochdruck-Kühler.

Der technische Direktor der Rheinmetall-Borsig AG. (Werk Borsig, Berlin-Tegel) Dr.-Ing. Fritz Modersohn, schreibt mir:

„Sodann habe ich mir überlegt, wie ich Ihrem Wunsch nach einem Beitrag für Ihre Skizzensammlung am besten Rechnung tragen könnte. Ich übersende Ihnen nun beifolgend nachstehende Unterlagen:

1. Eine Reihe von Zeichnungen betr. die konstruktive Entwicklung von Hochdruckkühlern, einem Element der Hochdrucktechnik, wie es gerade heute im Zeichen der Hydrieranlagen im Vordergrund des Interesses steht. Auf dem beigefügten Erläuterungsblatt finden Sie die Angaben, die zum Verständnis erforderlich sind.

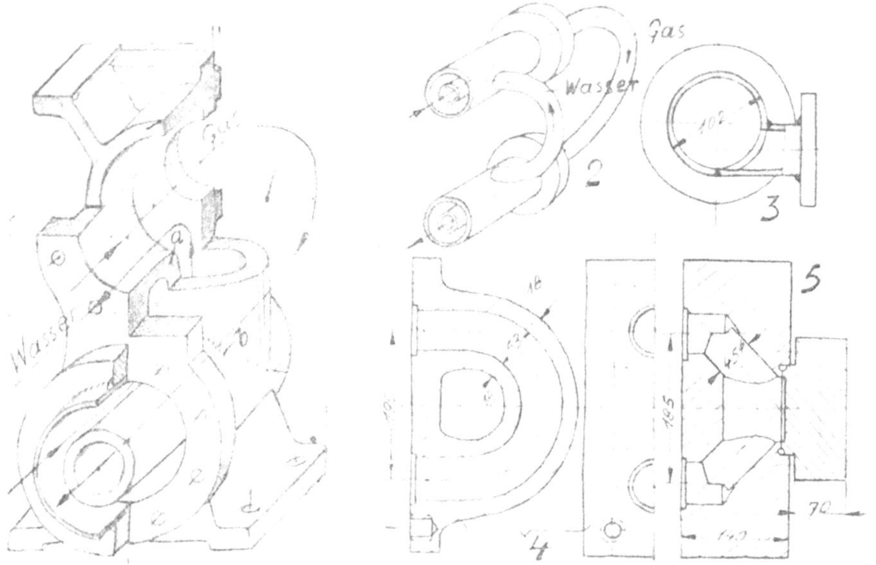

Reihe R 71. Skizze 1. Gegossenes Umkehrstück zum Doppelrohrkühler (1929) Aufbauskizze. — Skizze 2. Grundsätzliche Anordnung eines Doppelrohrkühlers. — Skizze 3. Stutzen für die Wasserrohre. — Skizze 4. Stahlgußkrümmer für die Gasrohre (1929). — Skizze 5. Gebohrtes Verbindungsstück (Blockkrümmer) St 55.11.

2. Die Gegenüberstellung einer älteren und einer modernen Ausführung eines doppelsitzigen Dampfventils, wobei letztere vollkommen geschweißt hergestellt ist, entsprechend niedriges Gewicht hat und daher auch für hohe Drehzahlen geeignet ist."

Die grundsätzliche Anordnung der Hochdruck-Doppelrohrkühler ist aus Skizze *R 71/2* zu erkennen. Die Doppelrohre sind bei dieser Ausführung in einer Reihe übereinander angeordnet; durch die Innenrohre strömt das heiße, hochgespannte Gas, durch die Außenrohre das Kühlwasser. An den Rohrenden befinden sich Krümmer.

Ein Kühler aus dem Jahre 1929 zeigt zur Umlenkung des Wasserstromes (2 atü) tangential angeschweißte Stutzen (*R 71/3*) und Gußeisenkrümmer, für den Gasstrom (70 atü) Stahlgußkrümmer nach *R 71/4*. Für die Kühler der 6. Stufe[1] (325 atü)

[1] Die Verdichtung findet in 5 bis 6 Stufen (z. B. 2 at, 10 at, 28 at, 60 at, 100 at u. 325 at) statt. - Nach jeder Stufe folgt ein Kühler, ein Öl- und Wasserabscheider.

sind für den Gasstrom geschmiedete und gebohrte Umkehrstücke nach *R 71/5* vorgesehen (vgl. den gebohrten Flansch *R 50*).

Die Skizze *R 71/1* läßt Umkehrstücke für das Kühlwasser erkennen. Es lag für den Konstrukteur die Aufgabe vor, ein Gußstück zur Verbindung der Wasserrohre zu entwerfen (mit Flanschen für die Kühlrohre und Stopfbuchsen für die Gasrohre), das gleichzeitig zum Aufbau des Kühlers dienen sollte.

Daß diese Aufgabe nur mit beträchtlichem Aufwand an Werkstoff und Löhnen gelöst werden konnte, ist selbstverständlich. Die Wirtschaftlichkeit einer Gesamtkonstruktion kann aber nur durch eine genaue Kostenrechnung erwiesen werden, wobei man auch auf den Zusammenbau, die Reinigung und Auswechslung der Rohre usw. denken muß.

(Bei dem geringen Wasserdruck — Probedruck 3 kg/cm² — braucht man die Festigkeit des Gußeisens, die Wandstärkenempfindlichkeit, die Porenfreiheit usw. nicht zu berücksichtigen. Für höheren Druck wäre aber die Gestaltung des Ver-

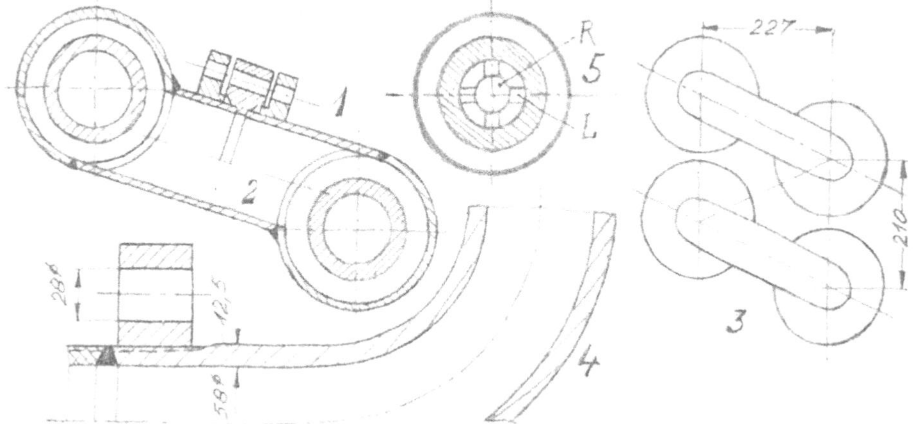

Reihe R 72. Skizze 1. Verbindung der Wasserrohre durch Stutzen und Zwischenstopfbuchse. Skizze 2. Verbindung ohne Stopfbuchse. — Skizze 3. Anordnung der Rohre in 2 Reihen. — Skizze 4. Krümmer für die Gasleitung (1938). — Skizze 5. Gasleitung mit Verdrängerrohr *R* (1935).

bindungsstückes nicht einfach. Man denke z. B. an den Übergang der zylindrischen Stutzen in den Verbindungskanal. Die bei *a* innen und außen vorhandenen Halbmesser ändern sich nach *b* hin fortwährend. Soll die Wandstärke des Überganges sich nur wenig ändern, sind besondere Vorschriften für Modell und Kernkasten erforderlich. Vgl. S. 69.)

In Skizze *R 72/5* ist eine Konstruktion aus dem Jahre 1935 angedeutet. In die entsprechend vergrößerten Gasrohre wurden, um die Strömungsgeschwindigkeit zu erhöhen und die Dicke des zu kühlenden Gasstromes zu verringern, an den Enden geschlossene Verdrängerrohre *R* eingebaut. Die Kühlwirkung wurde dadurch verbessert, aber wegen der sonstigen Nachteile (z. B. Befestigung der Rohre *R* durch Leisten *L*, die gleichzeitig zur Ablenkung des Gasstromes dienen) und des großen Werkstoffaufwandes für die stärkeren Gasrohre hat man später auf die Verdrängerrohre verzichtet.

Eine entscheidende konstruktive Wandlung tritt bei den Kühlern aus dem Jahre 1938 ein. Die Doppelrohre werden nach Skizze *R 72/3* angeordnet, die Wasserrohre nach *R 72/2* verbunden. Für die Gasrohre (325 atü) konnten die Werkstofferzeuger Stahlrohrkrümmer mit verhältnismäßig kleinen Biegungshalbmesser liefern. Die Krümmer (*R 72/4*) sind exzentrisch vorgebohrt und dann warm gebogen. Man vergleiche den Werkstoffaufwand zwischen *R 72/4* und *R 71/5*.

(Die Verbindungsstutzen für die Wasserrohre waren anfangs nach *R 72/1* geteilt und an der Trennfuge mit einer übergeschobenen Stopfbuchse versehen. Dadurch wird das Reinigen und Auswechseln der Rohre erleichtert. Später hat man — vgl. Skizze *R 72/2* — ungeteilte Stutzen verwendet.)

Diese Entwicklungsreihe zeigt besonders klar die Abhängigkeit des Konstrukteurs von den Forderungen, welche die chemische Industrie an ihn stellt und den Zusammenhang der konstruktiven Wandlung mit den Fortschritten in der Werkstofferzeugung und Fertigung. Auch die Forschungsergebnisse auf den Gebieten der Festigkeitslehre, Strömungslehre, Wärmeübertragung usw. sind zu berücksichtigen.

b) Gesteuerte Hubschalter.

In *R 73* sind zwei Doppelsitzventile für Dampf dargestellt. Die ältere Ausführung (*R 73/2*) ist gegossen, die neuere geschweißt. Die Wandstärke konnte von 4,5 mm auf 3 mm gesenkt werden.

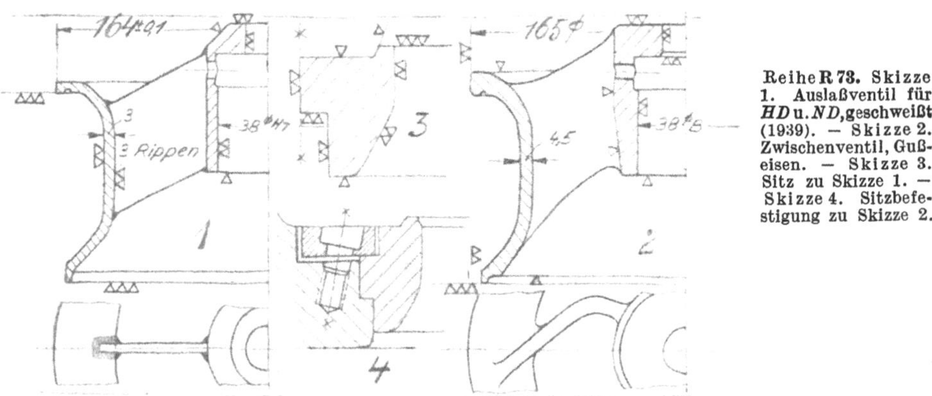

Reihe **R 73.** Skizze 1. Auslaßventil für *HD* u. *ND*, geschweißt (1939). — Skizze 2. Zwischenventil, Gußeisen. — Skizze 3. Sitz zu Skizze 1. — Skizze 4. Sitzbefestigung zu Skizze 2.

Den Hauptverdienst an der erfolgreichen Verwirklichung dieses konstruktiven Vorschlages hat natürlich die Schweißwerkstätte. Es bedarf sorgfältiger Versuche, bis der richtige Werkstoff und die besten Elektroden und die Bedingungen für das Vorwärmen, Glühen und die Nachbehandlung der Schweißnähte gefunden sind.

In *R 56/2* ist ein Ventilkegel für ein Regelventil abgebildet, der zu dem in *R 54/2* skizzierten Gehäuse gehört. Der Kegel ist kräftig gehalten; da er nicht zum Öffnen und Schließen dient, sondern nur zum Regeln, spielt das Gewicht keine ausschlaggebende Rolle. Die mit Kopf versehene Ventilspindel wird von unten eingeführt und gegen Drehen gesichert. Dann wird die Mutter *M* eingeschraubt und durch Schweißen gesichert. Bei den hohen Drücken (160 kg/cm^2) und Temperaturen besteht die Gefahr, daß die Sitzflächen durch den Dampfstrahl beschädigt werden. Kegel und Korb sind daher aus einem Sonderstahl hergestellt, auf die Sitzflächen wird (vgl. *R 56, 3* u. *4*) V 2 A-Stahl auflegiert; nach dem Glühen erfolgt die Fertigbearbeitung.

Aus *R 56* ist auch die Befestigung des Ventilkorbes im Gehäuse ersichtlich. Der Sicherungsring (*R 56/3*) besteht aus vier Segmenten. Die Segmente werden eingelegt, dann der Ventilkorb eingepreßt und der obere Rand des Sicherungsringes umgenietet. Der untere Dichtungsring (*R 56/4*) wird beim Zusammenbau eingepaßt.

Die Sitzbefestigung für die Dampfventile lassen die Skizzen *R 73/3* u. *4* erkennen. Bei *R 73/3* erfolgt die Sicherung durch Gewindestifte, bei *R 73/4* durch einen übergelegten Ring und Verschraubung.

Hohlventile (*R 74*).

Gekühlte hohle Auslaßventile sind bei Gas- und Ölmotoren seit jeher in Gebrauch (hohl gegossen oder aus einem hohlem Ventilkegel und eingeschraubter oder verschweißter Ventilspindel bestehend oder aus dem Vollen gebohrt).

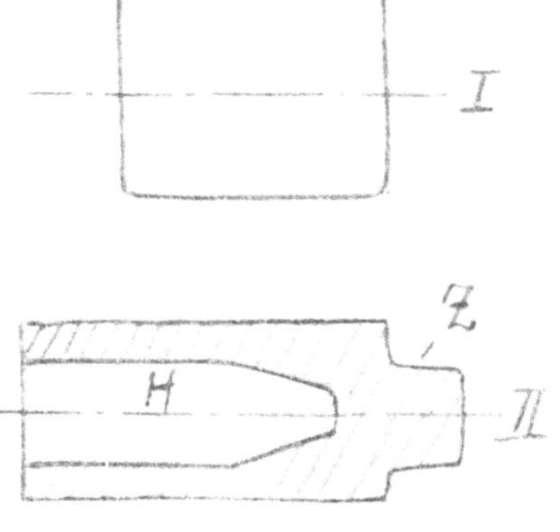

Reihe **R 74.** Hohlventil mit Kühlraum. (Dichtungsfläche mit Stellitauflage.)

Skizze I.
Rundstahl vorschmieden und stauchen.

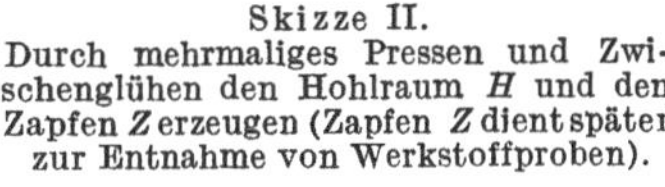
Skizze II.
Durch mehrmaliges Pressen und Zwischenglühen den Hohlraum *H* und den Zapfen *Z* erzeugen (Zapfen *Z* dient später zur Entnahme von Werkstoffproben).

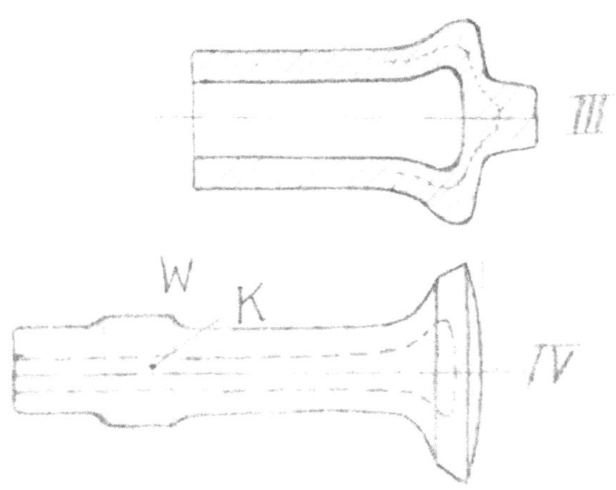

Skizze III.
Wulst für den Ventilteller pressen. Richtigen Faserverlauf herbeiführen. Abmessungen nachprüfen, Härte außen und innen bestimmen, Ausschuß ausscheiden. Dann Schaft allmählich strekken (Hohlraum muß genau mittig bleiben!).

Skizze IV.
Schaft und Teller abdrehen. Bei *W* einen Wulst stehen lassen. Nochmals mit Sonderlehren genau nachmessen. Mit Hilfe einer Schmiedemaschine Wulstwerkstoff nach innen pressen und den Kanal *K* an dieser Stelle verengen. Dann folgen: Auftragen von Stellit (mit Sauerstoff-Azetylen-Brenner), Wärmebehandlung, Schleifen. Nitrieren des Schaftes nach besonderem Verfahren. Natrium (oder ein Salzgemisch mit hohem Wärmeleitvermögen) in genau bestimmter Menge in den Hohlraum einführen und Kanal *K* durch Eintreiben eines kegligen Stiftes schließen. Zum Schluß: Schleifen, Polieren und Verchromen des Schaftes.

Bei den von der Hispano Suiza angefertigten Hohlventilen wird der Hohlraum mit einem Salz gefüllt, das bei 98° schmilzt und sich in eine sehr wirksame Kühlflüssigkeit verwandelt (Siedepunkt 735° C).

Die Reihe *R 74* zeigt einige Skizzen über die Herstellung[1].

Die Schwierigkeiten liegen erstens in der richtigen Führung der Glüh- und Schmiedevorgänge und zweitens in der Wahl des Werkstoffes.

Der Werkstoff (ein Chrom-Silizium-Stahl) muß hohe Festigkeit bei höheren Temperaturen (bis 800° C) besitzen, widerstandsfähig gegen die Auspuffgase sein und die vielen Schmiede- und Glühvorgänge ohne schädliche Gefügeänderungen

[1] Nach Aircraft Engineering, June 1939.

ertragen. Endlich muß er sich gut mit Stellit (das mit Hilfe eines Brenners auf die Sitzfläche aufgeschmolzen wird) verbinden.

Eine genaue Überwachung des Werkstoffes während der über 100 Operationen und ein Ausscheiden aller nicht völlig einwandfreien Stücke ist erforderlich.

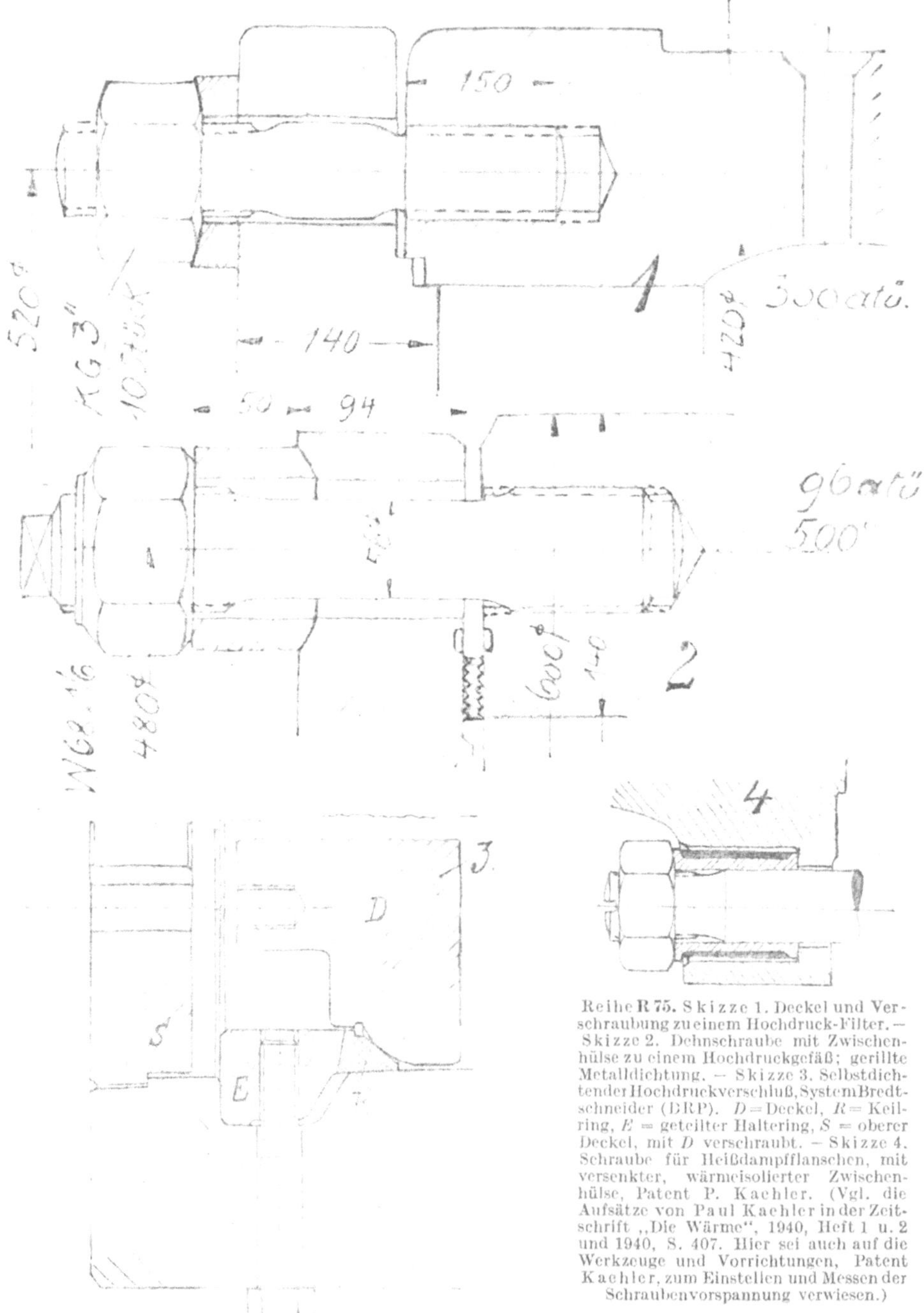

Reihe R 75. S k i z z e 1. Deckel und Verschraubung zu einem Hochdruck-Filter. — S k i z z e 2. Dehnschraube mit Zwischenhülse zu einem Hochdruckgefäß; gerillte Metalldichtung. — S k i z z e 3. Selbstdichtender Hochdruckverschluß, System Bredtschneider (DRP). D = Deckel, R = Keilring, E = geteilter Haltering, S = oberer Deckel, mit D verschraubt. — S k i z z e 4. Schraube für Heißdampfflanschen, mit versenkter, wärmeisolierter Zwischenhülse, Patent P. K a e h l e r. (Vgl. die Aufsätze von P a u l K a e h l e r in der Zeitschrift „Die Wärme", 1940, Heft 1 u. 2 und 1940, S. 407. Hier sei auch auf die Werkzeuge und Vorrichtungen, Patent K a e h l e r, zum Einstellen und Messen der Schraubenvorspannung verwiesen.)

c) Verschlüsse von Hochdruckgefäßen.

Im Anschluß an die Hochdruckrohrleitungen und Hochdruckventile soll kurz auf die Verschlüsse von Hochdruckgefäßen hingewiesen werden.

Die Skizzen *R 75/1* u. *2* zeigen Deckelverschraubungen nach Konstruktionen der Rheinmetall-Borsig A.G. Bei Skizze 1 ist eine Dehnschraube verwendet. Die Dehnlänge wird durch eine rohrförmige Unterlage mit kugliger Sitzfläche vergrößert. Zur Dichtung dient ein gerillter Metallring.

Bei diesen Deckelverschlüssen müssen die Schrauben mit einem Mehrfachen der Betriebslast vorgespannt werden. Ferner ist der Dichtungsdruck und die Schraubenbeanspruchung auch von dem Temperaturunterschied (und der Dehnung) zwischen Flanschen und Schrauben abhängig, namentlich beim Anfahren und Stillsetzen. Für noch höhere Drücke und Temperaturen hat man daher selbstdichtende Verschlüsse entwickelt. Skizze 3 zeigt den selbstdichtenden Hochdruckverschluß, System Bredtschneider[1] (DRP.).

Einzelteile aus dem Werkzeugmaschinenbau.

a) Wendegetriebe.

Bei der 77. VDI-Hauptversammlung in Dresden (1939) hat Direktor Kurt Hegner (Gesellschaft für Elektrische Unternehmungen A.G. Loewe-Fabriken) den Festvortrag über die Werkzeugmaschine und ihre Leistungssteigerung gehalten. Einige Ausführungen, die den Konstrukteur und seine Aufgaben betreffen, seien hier wiedergegeben. ... „Die Leistung der Industrie wird geschaffen durch die Menschen und die Maschinen. Früher glaubte man, die wichtigere dieser beiden Hilfstruppen sei die Maschine. Wir erkennen heute, daß zur Erreichung höherer Leistung zuerst der Mensch, der schaffende Mensch, verantwortlich ist. Ihm müssen wir den Sinn und Zweck der Arbeit als eine hohe, der ganzen Nation dienende Aufgabe erschließen, ihn müssen wir zum selbstverantwortlichen Schaffen in seinem — sei es auch noch so kleinen — Wirkungskreis erziehen. ... Wir Ingenieure müssen immer mehr darauf sinnen, dem Werkmann Hilfsmittel zu schaffen, die es ihm ermöglichen, seine Arbeit mit geringerer Anstrengung, mit weniger Hemmnissen, mit größerer Genauigkeit, mit mehr Arbeitsfreudigkeit und auch in kürzester Zeit herzustellen. ... Jeder weiß zum Beispiel, welch wichtiges Glied in einem Motor die Kurbelwelle ist; ihre Konstruktion ist eine beachtenswerte Ingenieuraufgabe. Weiß man aber auch, daß zu ihrer Herstellung viel mehr Denkarbeit, viel mehr Konstruktionsarbeit nötig ist als zu ihrem Entwurf? Daß in den Werkzeugmaschinen, die eine Kurbelwelle herstellen, viel mehr schöpferisches Gestalten liegt, als zur Konstruktion der Welle erforderlich ist?"

Und von den Bauelementen heißt es, daß sie in ihren Formen und ihrem Werkstoff der Entwicklung zur größeren Leistung und Genauigkeit folgen, die von den Werkzeugmaschinen verlangt werden. „Von den Holzrädern kam man zum gußeisernen Rad; jetzt benutzt man durchweg Stahlräder, bei hochwertigen Maschinen sogar solche aus gehärtetem Stahl, die allseitig geschliffen sind. ... Die Verbindung der Wellen mit den Rädern geschieht an den entscheidenden Stellen nicht mehr durch eingesetzte Keile, sondern durch aus dem Vollen gefräste Vielkeilwellen, die aus gehärtetem, allseitig geschliffenem Stahl bestehen."

Meiner Bitte, mir für das „Skizzenbuch" einige Unterlagen über die konstruktive Entwicklung von Getrieben zu überlassen, hat Direktor Hegner gütigst entsprochen. In dem Begleitschreiben heißt es:

„Auf der Zeichnung *A* ... finden Sie die Darstellung eines Wendegetriebes, wie

[1] Nach Unterlagen von Friedrich Uhde, Ingenieurbüro, Dortmund.

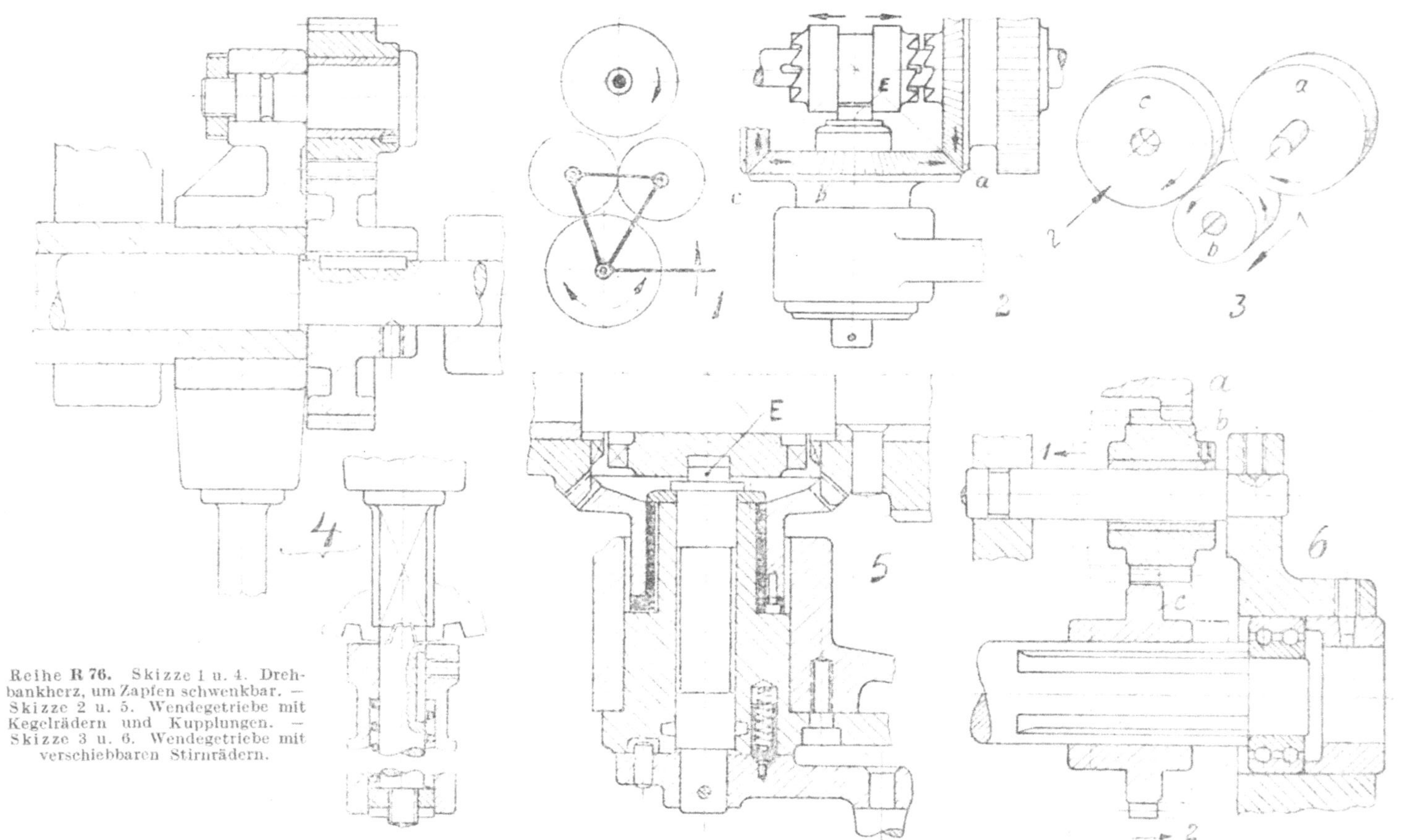

Reihe **R 76.** Skizze 1 u. 4. Drehbankherz, um Zapfen schwenkbar. — Skizze 2 u. 5. Wendegetriebe mit Kegelrädern und Kupplungen. — Skizze 3 u. 6. Wendegetriebe mit verschiebbaren Stirnrädern.

es an Drehbänken zum Schneiden von Rechts- und Linksgewinden bzw. zur Betätigung der Zugspindel nach beiden Drehrichtungen verwendet wird. Dieses Getriebe wurde bis vor 20 Jahren fast allgemein gebaut und nannte sich Herzhebelgetriebe. Die wenig glückliche Lagerung im Spindelkasten verursachte bei Präzisionsdrehbänken sehr häufig unerwünschte Markierungen auf dem Werkstück, so daß wir dazu übergingen, dieses Wendegetriebe fest zu lagern und die Änderung der Drehrichtung durch drei ineinandergreifende Kegelräder in Verbindung mit einer Zahnkupplung vorzunehmen. Diese Ausführung finden Sie auf der Zeichnung *B*... dargestellt. Die immer höher werdenden Ansprüche an ein sauberes Drehbild veranlaßte uns vor einigen Jahren, die Kegelräder durch Stirnräder zu ersetzen, weil sich diese besser härten und schleifen lassen als Kegelräder, und auch die Zahnkupplung beim Umschalten unerwünschte Stöße verursachte. Diese letzte Darstellung auf unserer Zeichnung *C*..., die wir jetzt allgemein verwenden, hat sich recht gut bewährt und zeigt gegen die erste Ausführung auf unserer Zeichnung *A*... einen bedeutenden konstruktiven Fortschritt."

Nach den Zeichnungen *A*, *B* und *C* sind die Grundsatz-Skizzen *1*, *2* und *3*, ferner die Entwurfskizzen *4*, *5* und *6* angefertigt. (Betreffs der Keilwelle in Skizze *6* vgl. den Abschnitt **Wellen**, S. 45.)

b) Der Gegenhalter bei Fräsmaschinen[1].

Die Skizze *R 77/1* zeigt einen älteren, gegossenen Gegenhalter. In der Buchse *B* wird der Laufzapfen des Fräsdornes gelagert, der Arm *A* ist in einer Bohrung des

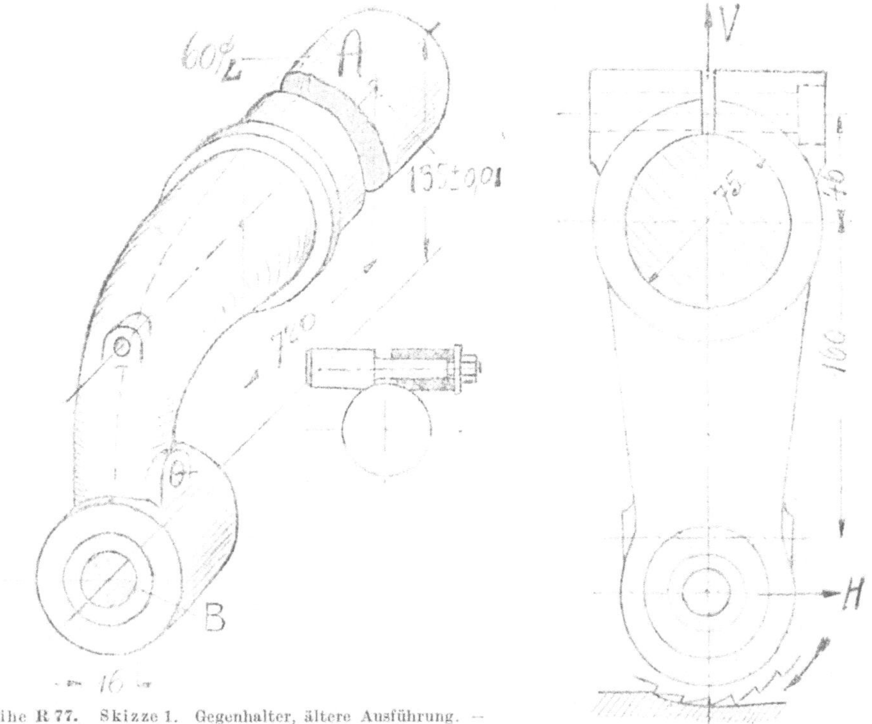

Reihe R 77. Skizze 1. Gegenhalter, ältere Ausführung. — Skizze 2. Gegenhalterkopf mit Klemmsitz.

[1] Zu diesen Ausführungen sind Mitteilungen verwertet, die mir Oberingenieur Joh. Richter (Fritz Werner, A.-G., Berlin) zur Verfügung gestellt hat. Vgl. auch dessen Vortrag über Fräsmaschinen in der Arbeitsgemeinschaft Deutscher Konstruktionsingenieure, 1930.

Maschinenständers geführt. Kommen minutlich n-Fräserzähne zum Schnitt, schwellen also die gegen das Werkzeug wirkenden Kräfte n-mal an (vgl. Skizze *77/2*), so wird auch der Gegenhalter n Verbiegungen und Verdrehungen ausführen. Hauptsächlich bei älteren Maschinen erscheinen dadurch auf dem Werkstück die gefürchteten „Rattermarken", die unter Umständen die gefräste Fläche vollkommen unbrauchbar machen. Die Entwicklung, welche der Gegenhalter seither durchlaufen hat, ist also gekennzeichnet durch das Streben nach größerer dynamischer Starrheit und größerer Genauigkeit. In bezug auf die Genauigkeit muß verlangt werden:

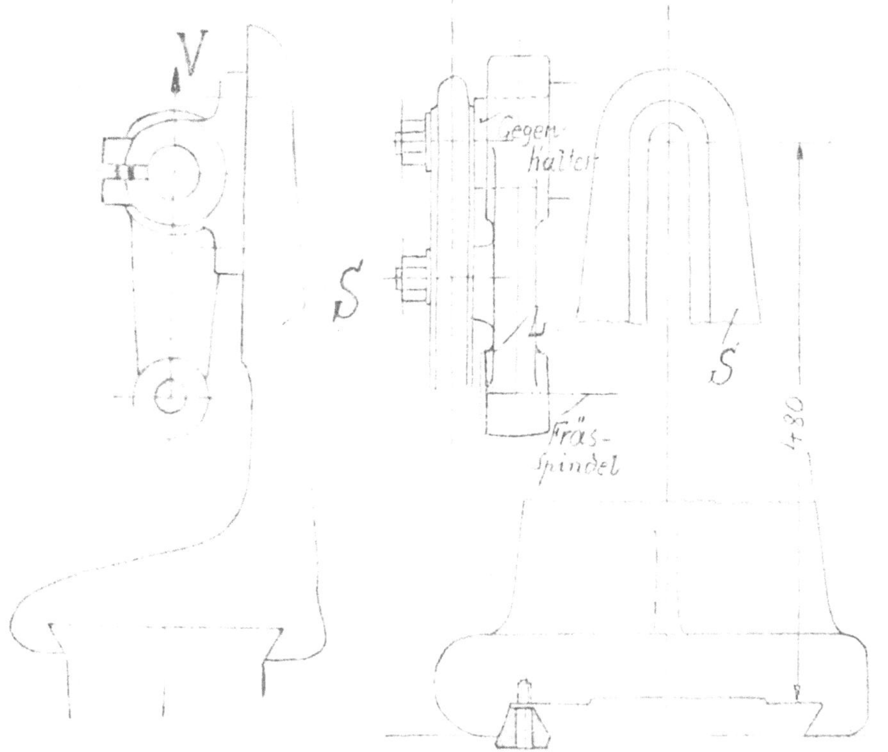

Reihe R 78. Skizze 1. Abstützung des Gegenhalters, ältere Ausführung. — Skizze 2. Stütze zur Aufnahme der Kräfte V und H.

1. Die Bohrung im Ständer, welche den Arm A aufnimmt, muß vollkommen rechtwinklig zur Ständerbrust und genau parallel zur Arbeitspindel liegen. Bei einem Achsabstand von z. B. $200 \pm 0{,}01$ beträgt die zulässige Abweichung vom Nennmaß nur $\pm {}^1/_{20\,000}$!)

2. Die Mittellinie des Zylinders A muß genau parallel zur Mittellinie der Lagerbuchse B und zur Mittellinie der Arbeitspindel liegen. (Achsabstand gleichfalls z. B. $200 \pm 0{,}01$.)

Ein Blick auf die Skizze *R 77/1* zeigt, daß beide Forderungen bei dieser Konstruktion serienmäßig nicht zu erfüllen sind und nur von einem geschickten Facharbeiter auf dem Wege des Einpassens verwirklicht werden können. (Der gedrehte und geschliffene Arm wird in die Ständerbohrung eingeschoben und dann die Bohrung B mit einer Bohrstange gebohrt, die nach der Arbeitspindel ausgerichtet ist.) Wesentlich günstiger ist die Konstruktion nach Skizze *R 77/2*. Der Arm ist aus Stahl, der Gegenhalterkopf wird aufgeklemmt. Aber auch diese Bauart eignet sich nur für leichtere Fräsarbeiten. Der nächste Schritt bestand in

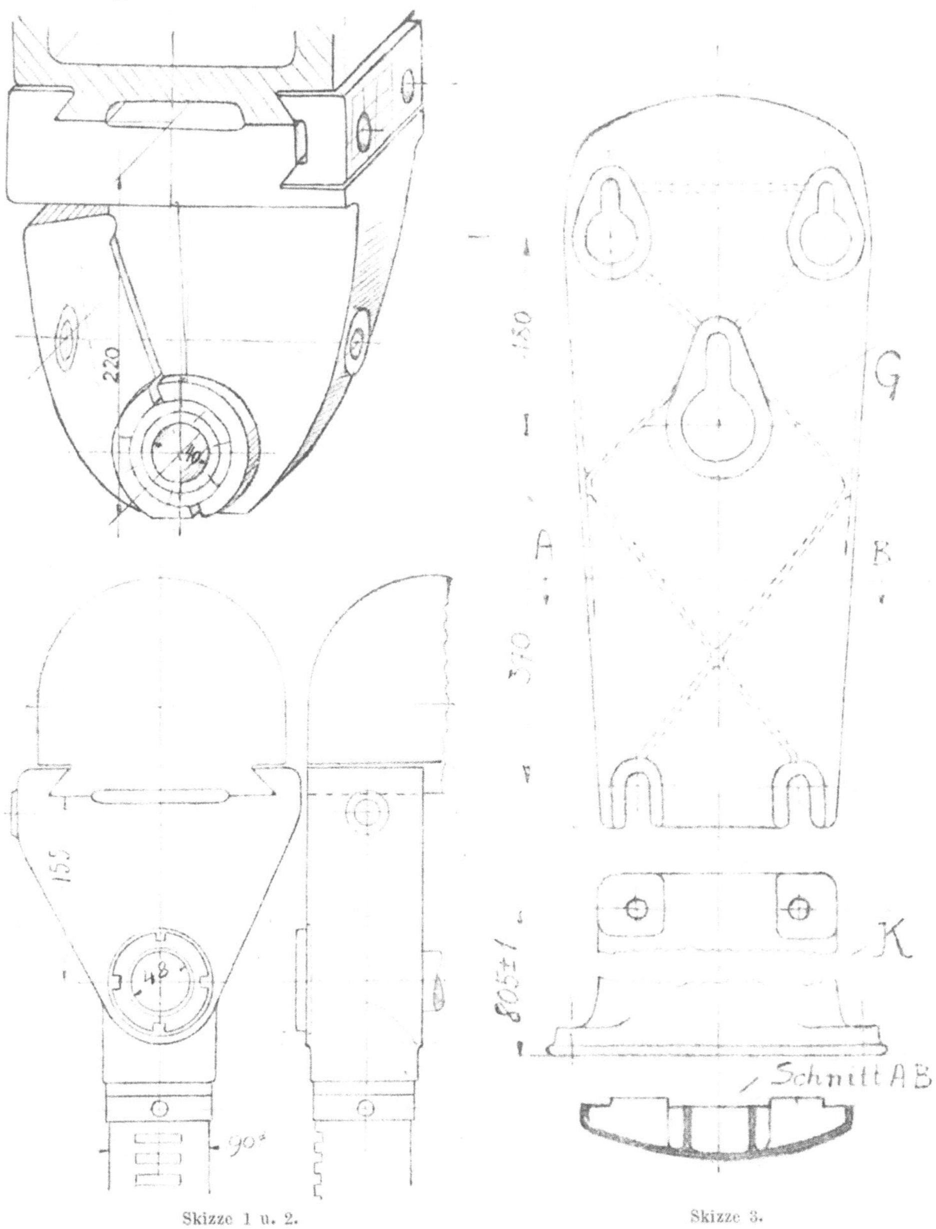

Skizze 1 u. 2. Skizze 3.

Reihe R 79. Skizze 1. Zwischenstütze, zweiteilig, um die Stütze bequem ausbauen zu können (Preßöl-Schmierung). — Skizze 2. Gegenhalter als Kastenträger ausgebildet. Versenkbare Stützsäule. — Skizze 3. Gegenhalterstütze *G* aus Leichtmetall zweckmäßig verrippt.

der Ausführung einer Stütze *S*, welche am Frästisch befestigt ist und die nach oben wirkende, verbiegende Kraft „*V*“ aufnimmt (Skizze *R 78/1*). Will man auch die Kraft „*H*“, die auf Verdrehen wirkt, abfangen, so muß man, vielleicht nach Skizze *R 78/2*, auch den Gegenhalterkopf, also das am Gegenhalterarm befestigte Fräßspindellager *L*, mit der Stütze *S* verbinden.

Das gleiche Ziel — einen biege- und drehsteifen, starren Gegenhalter — suchen andere Konstrukteure dadurch zu erreichen, daß sie an Stelle des zylindrischen Armes einen Kastenträger[1] setzen (vgl. Skizze *79/2*). An diesem Kastenträger sind in einer Schwalbenschwanzführung das vordere Fräsdornlager und ein Zwischenlager (z. B. nach Skizze *79/1*) befestigt. Für sehr schwere Schnitte kann noch eine (abnehmbare) Gegenhalterstütze *G* (z. B. nach Skizze *79/3*) hinzukommen, die mit Hilfe eines besonderen Ständers (gleichzeitig Konsolstütze) mit dem Maschinenfuß verbunden ist, so daß nunmehr ein geschlossener Rahmen geschaffen ist.

Bei den ganz schweren Starrfräsmaschinen wird die Verbindung zwischen Gegenhalter und Grundplatte durch eine Säule oder einen Rahmen bewirkt.

In Skizze *79/2* ist eine Konstruktion angedeutet, bei welcher der Gegenhalterkopf mit einer verschiebbaren Säule von 90 mm ⌀ verbunden ist. Die aus einem Bajonettverschluß bestehende Kupplung zwischen Säule und Gegenhalterkopf kann gelöst und dann die Säule mit Hilfe eines Zahntriebes nach unten gesenkt werden.

Überblicken wir noch einmal diese über fast 20 Jahre sich erstreckenden Bemühungen der Werkzeugmaschinenkonstrukteure und fragen wir, welche Einflüsse für die erzielte Wandlung bestimmend waren, so wäre zu nennen: Streben nach höherer Spanleistung unter Verwendung neuer Werkzeugstähle und nach höherer Genauigkeit[2], worunter aber nicht nur die Einhaltung enger Toleranzen, sondern auch die wirtschaftlich tragbare Erzeugung einer Oberfläche verstanden ist, für deren Glätte oder Rauhigkeit oder Welligkeit leider noch keine allgemein anerkannten Begriffsbestimmungen bestehen.

Da aber für diese Oberflächengüte in erster Linie die Starrheit der Maschine maßgebend ist, sind die betreffenden, an der Werkzeugmaschine vorzunehmenden Messungen und Forschungen von besonderer Bedeutung[3]. (Schrifttum: Z. VDI 1941, S. 257.)

Helfende Reibung.

a) Treibscheiben.

Die Reibung, welche dem Konstrukteur so oft störend und hemmend entgegentritt, ist in vielen Fällen seine getreue Helferin. Nur mit ihrer Hilfe vermag die Lokomotive den Zug zu bewegen und die Reibungskraft zwischen Seil und Treibscheibe hebt den Förderkorb aus der Tiefe (vgl. S. 13).

Der Konstrukteur, der die Seilreibung zur Hilfe ruft, muß sich aber über alle Eigenschaften des neuen Bundesgenossen sehr genau klar sein. „Die Treibscheibe bietet gegenüber der Seiltrommel Vorteile sicherheitstechnischer, konstruktiver und fertigungstechnischer Art, die ihre Nachteile mehr als aufwiegen. Für ihre erfolgreiche Verwendung ist es notwendig, sich über die grundsätzlichen Fragen der Berechnung ihrer Treibfähigkeit Rechenschaft zu geben und bei der Wahl der Drahtseile die Forschungsergebnisse und Erfahrungen des letzten Jahrzehntes zu

[1] Als Zwischenlösung sei auf einen Gegenhalter hingewiesen, der aus zwei nebeneinander liegenden zylindrischen Armen besteht.

[2] Vgl. die Normblätter DIN-Vornorm 8601 usw. Sie enthalten verbindliche Vorschriften für die Abnahme und Angaben über die Meßverfahren und Meßmittel, mit denen die Arbeitsgenauigkeit der Maschinen und die Genauigkeiten der bearbeiteten Werkstücke geprüft werden.

[3] Nähere Mitteilungen in O. Kienzle und H. Kettner, Das Schwingungsverhalten eines gußeisernen und eines stählernen Dreckbankbettes. Werkstattstechnik, Bd. 33 (1939), S. 229/37.

berücksichtigen"[1]. Mit bloßen Annäherungen kann man die Seildehnung, das „Verlaufen" des Seiles, die zusätzlichen „Flaschenzugspannungen", den Einfluß der Seilrille, des Seilschlages, des zulässigen Druckes zwischen Seil und Rolle, den

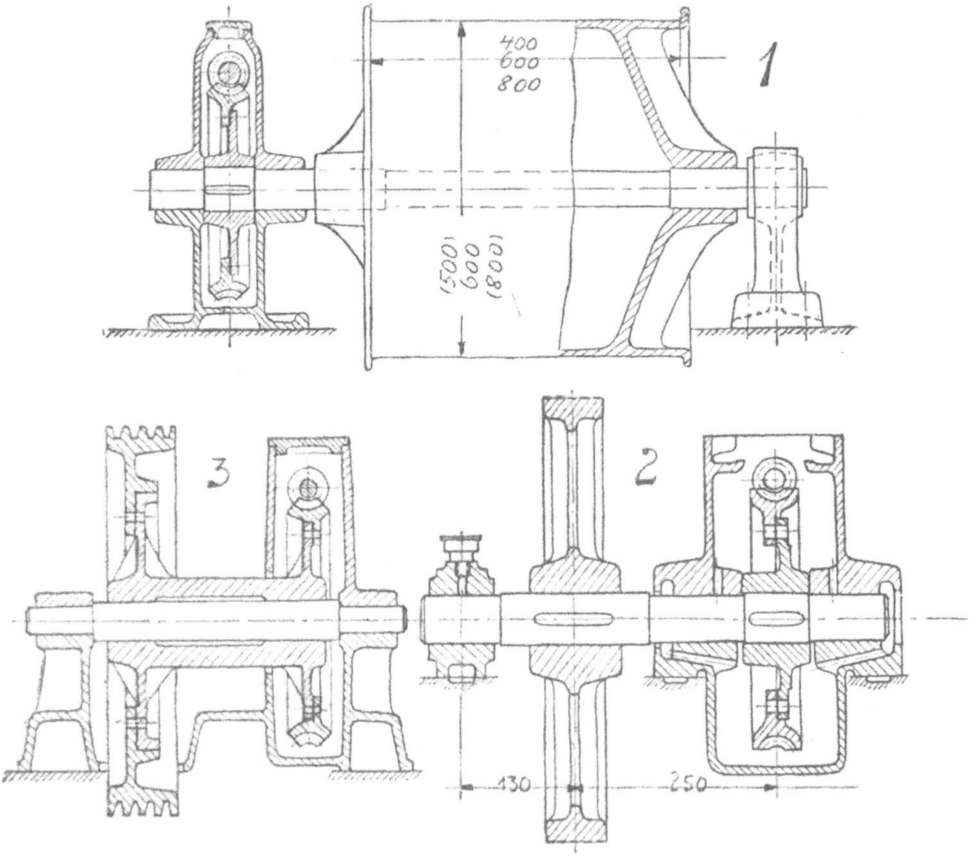

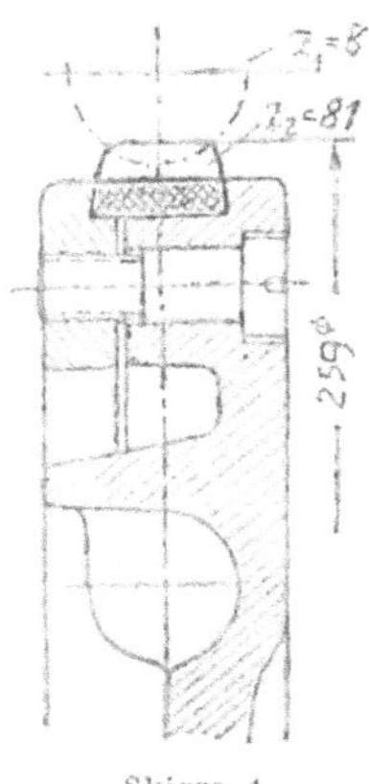

Skizze 4

Reihe **R 80.** Skizze 1. Windentrommel mit Schneckenantrieb; Welle dreimal gelagert. — Skizze 2. Treibscheibe für Parallelseil, Rillen noch nicht eingeschnitten; Welle dreimal gelagert. — Skizze 3. Treibscheibe für Parallelseil; Welle nur zweimal gelagert. (Zugehörige Grundplatten siehe R 47.) Die Skizzen R 80 lassen auch das Werkstoffsparen bei Schneckenrädern aus Zinn-Bronze erkennen. Bei Sk. R 80/3 ist nur der Kranz aus Bronze. Er wird mit Hilfe eines herumlaufenden Flansches mit dem Radkörper verschraubt, bei Sk. 80/2 ist der Flansch durch 4 oder 6 Lappen ersetzt, bei Sk. 80/4 wird der Kranz durch eine Klemmverbindung (Helfende Reibung!) gehalten (Cu-Sn-Bronze soll nur in Sonderfällen und stets sparstoffgerecht verwendet werden, auch Al-Cu-Bronze nur bei hohen Druck- und Biegebeanspruchungen der Zähne. Für geringere Drücke, stoßfreien Betrieb und hohe Gleitgeschwindigkeiten wurden Leichtmetall-Legierungen und Zinklegierrngen entwickelt, bei geringem Druck und geringer Erwärmung sind Gußeisen und Kunststoffe zu empfehlen. Vgl. F. G. Altmann, Werkstoffumstellung im Getriebebau, Z. VDI, Bd. 85, 1941, S. 8 bis 14

[1] Nach Dr.-Ing. H. Donandt, VDI (Aufzugprüfstelle Berlin) in Z. VDI, Bd. 83 (1939), S. 75/82.

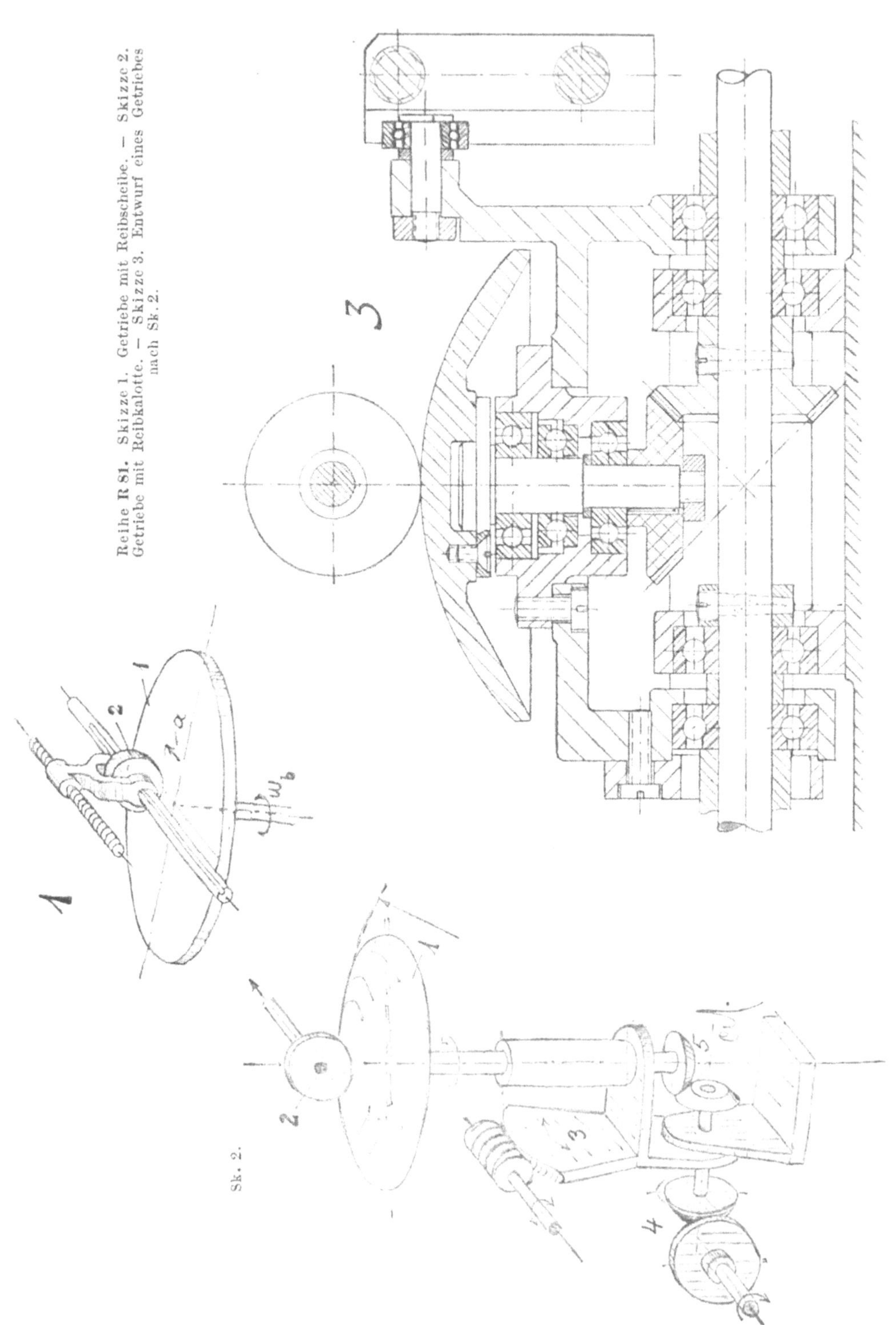

Reihe R 81. Skizze 1. Getriebe mit Reibscheibe. — Skizze 2. Getriebe mit Reibkalotte. — Skizze 3. Entwurf eines Getriebes nach Sk. 2.

Einfluß der Massenbeschleunigung beim Anfahren und Bremsen usw. nicht beherrschen.

Hier soll zunächst die konstruktive Wandlung betrachtet werden, welche die Aufzüge durch den Übergang von der Seiltrommel zur Treibscheibe erfahren haben.

Die ersten Treibscheibenaufzüge hatten zweifache Umschlingung und Gegenscheibe. Sie wurden durch Treibscheiben mit einfacher Umschlingung (180°) und keilförmiger Rille abgelöst. Dann folgt die halbrunde Rille mit Unterschnitt und die Verwendung mehrerer Tragseile (Parallelseiltrieb[1]; bei mehreren Tragseilen muß der Konstrukteur für den Ausgleich der Spannungsunterschiede in den einzelnen Tragseilen sorgen, entweder durch Hebelanordnung oder Federn).

Die Aufzugmaschine wird durch Einführung der Treibscheibe mit mehreren Seilen wesentlich vereinfacht. Die Trommel (Skizze *R 80/1*), deren Breite von der Hubhöhe abhängig ist, wird durch eine Scheibe ersetzt, die für jede vorkommende Hubhöhe verwendbar ist und deren Breite nur von der Zahl der Seile abhängt. Erst die Treibscheibe hat eine wirtschaftliche Normung der Aufzugsmaschinen ermöglicht.

Skizze *R 80/2*[2] zeigt einen Aufzug mit Treibscheibe. Die zugehörige Grundplatte ist in *R 47/1* skizziert.

Diese Grundplatte nimmt den Motor und das Getriebe auf. Falls eine größere Zahl ganz gleicher Aufzugsmachinen zu fertigen ist, kann das Schneckengehäuse nach Skizze *R 47/2* mit der Grundplatte zusammengegossen werden. Die Welle ist dann (nach *R 80/3*) nur zweimal gelagert und wird kürzer. (Ersparnis an Werkstoff und Fertigungskosten, geringerer Raumbedarf.)

b) Reibrad-Getriebe.

In der VDI-Zeitschrift, Bd. 83 (1939), S. 677/683 berichtet Flieger-Oberstabsingenieur Dr.-Ing. A. Kuhlenkamp über Reibradgetriebe als Steuer-, Meß- und Rechengetriebe. Nach den Bildern 7 und 11 dieses Aufsatzes habe ich die Skizzen *R 81/1* u. *2* gezeichnet. Den Entwurf zu einem Reibradgetriebe (*R 81/3*) und die nachfolgenden Ausführungen hat mir Dr.-Ing. Kuhlenkamp freundlichst zur Verfügung gestellt.

Die Reibradgetriebe sind stufenlos regelbare Geschwindigkeitswechselgetriebe. Sie können je nach der Schaltung als Geschwindigkeitsmeßgetriebe (Differentiationsgetriebe) oder als Steuergetriebe (Integrationsgetriebe) verwendet werden.

Skizze *R 81/1* zeigt den grundsätzlichen Aufbau eines Reibradgetriebes in der Form des Reibscheibengetriebes. Die Reibscheibe *1* wird angetrieben mit der Winkelgeschwindigkeit ω_b. Auf der Reibscheibe ist die Reibrolle *2*, die mit Federdruck aufliegt, radial verschiebbar. Der Abstand von der Achse betrage a und die Umfangsgeschwindigkeit der Reibrolle sei v.

Dann ist $v = a \cdot \omega_b$.

Durch Verändern des Abstandes a kann die Geschwindigkeit stufenlos geregelt werden. Das Reibradgetriebe ist in diesem Falle ein Steuergetriebe, bei dem der Abstand a bei ω = konst. ein Maß für die Geschwindigkeit ist. Wird die Reibrollenwelle mit einer bestimmten Geschwindigkeit von außen her angetrieben, ergibt sich bei einer bekannten Geschwindigkeit ω nach Zwischenschaltung eines Differentials ein ganz bestimmter Abstand a. Das Reibradgetriebe ist dann ein Meßgetriebe.

[1] Überfahren der Endhaltstelle und Schlaffseilbildung ist fast ausgeschlossen. Die Verteilung der Last auf 4 bis 8 Seile vermindert die Gefahr eines Seilbruches. Vgl. Fußnote 1, S. 16.

[2] Die Unterlagen zu den Skizzen *R 80/1* und *R 80/2* verdanke ich Herrn Direktor Herker (Carl Flohr, Berlin).

An Stelle der Reibscheibe wird beim Reibkalottengetriebe ein Kugelabschnitt *1* verwendet (Skizze *R 81/2*). Die Reibrolle *2* ist in diesem Falle nicht verschiebbar, während die Kugelkalotte, die mit der Geschwindigkeit ω angetrieben wird, um den Kugelmittelpunkt geschwenkt wird. Ist der Schwenkwinkel φ und wird der Halbmesser der Kugel $= 1$ gesetzt, so ergibt sich die Beziehung

$$v = \sin \varphi \cdot \omega.$$

Der Antrieb der Kugelkalotte erfolgt über die Kegelräderpaare *4* und *5*, die Schwenkung durch Schnecke und Schneckenradsegment *3*.

Der Vorteil des Kalottengetriebes gegenüber dem Scheibengetriebe liegt auf fertigungstechnischem Gebiet. Während beim Scheibengetriebe saubere Längsführungen der Reibrolle notwendig sind, handelt es sich beim Kalottengetriebe immer nur um Drehbewegungen, die leichter mit großer Genauigkeit erreicht werden können als die Geradführungen.

Wird hohe Meßgenauigkeit verlangt und sind erhebliche Drehmomente zu übertragen, so muß jeder Schlupf zwischen Rad und Scheibe vermieden werden. Werkstoffe mit hohen Reibungsbeiwerten haben sich nicht bewährt. Bei der Konstruktion nach Skizze *R 81/3* läuft Stahl auf Stahl unter hohem Anpressungsdruck. Das Getriebe ist mit großer Übersetzung ins Langsame gebaut.

Angriff und Abwehr im Leben der Bauteile.

Ein Konstrukteur, der die Aufgabe übernimmt, eine Dieselmaschine für 1000 PS zu bauen, ist für den Angriff auf Zylinder, Kolben, Ventile usw. verantwortlich. Da er aber den Werkstoff auswählt und gestaltet, ist er auch für die Abwehr, für den Schutz des geformten Werkstoffes verantwortlich — Angriff und Abwehr liegen in einer Hand. Durch einen einmaligen oder mehrmaligen oder dauernden Angriff kann eine Formänderung der Bauteile eintreten (Gewaltbruch, Dauerbruch, Verziehen, Verschleiß, Verrosten, Heißlaufen usw.). Demgegenüber ist Ziel der Abwehr die Formbehauptung. Dabei ist das Wort Form in seiner allgemeinsten Bedeutung aufzufassen, also: äußere geometrische Form, Form des Querschnittes, Form und Güte der Oberfläche, Form des Werkstoffgefüges, vielleicht sogar Form und Aufbau des Atomgitters.

Soll eine ausreichende, wirtschaftlich tragbare Lebensdauer gewährleistet werden, so muß zwischen der Wirkung der abwehrenden und angreifenden Einflüsse, die man durch geeignete Verhältniswerte V und v messen kann, ein Sicherheitsabstand $V—v$ verbleiben. Der einfachste Fall wird durch den Abstand zweier Punkte dargestellt. Dieser Punktabstand, der auch in der Formel „Sicherheit $S = V/v$" enthalten ist, entspricht aber keinesfalls den wirklichen Verhältnissen. Die Mittelwerte von V und v sind zeitlichen und örtlichen Schwankungen unterworfen, und zu jedem Mittelwert gehört ein Streubereich. (Der Begriff der Streuung und der Häufigkeit, der uns ja von der Großzahlforschung her vertraut ist, sei zunächst auf der Abwehrseite an einem Beispiel erörtert. Vier Werkstätten stellen 10 Kranhaken gleicher Bauart aus dem gleichen genormten Stahl her, aber von vier verschiedenen Hütten und aus acht Schmelzen. Es ist klar, daß die Festigkeitseigenschaften dieser 10 Haken nach dem Schmieden, der Bearbeitung und dem Einbau um mindestens $\pm$ 25% von den Mittelwerten abweichen. Eine aus den Mittelwerten berechnete 1,25fache Sicherheit kann also im Grenzfall bereits den Sicherheitsabstand $V—v$ = **Null** oder die „Sicherheit" $V/v = 1$ ergeben!)

Hat der Konstrukteur bei einer Neuausführung Höhe und Art des Angriffes und der Anwehr festgestellt und erscheint ihm der Sicherheitsabstand zu gering oder will er Werkstoff einsparen, ohne den Sicherheitsabstand zu verringern oder soll der bisher verwendete Werkstoff durch einen neuen Werkstoff mit anderen Eigenschaften ersetzt werden, so muß er an die Beantwortung der folgenden zwei Fragen herantreten:

A. Wie kann man die zerstörenden Einflüsse vermindern oder begrenzen?

B. Durch welche Maßnahmen kann man den geformten Werkstoff schützen, seinen Widerstand erhöhen?

Zu Frage A:

a) Verlegen der Gefahrenpunkte[1]. b) Verringern der Streuung. c) Ändern des Verfahrens oder der Betriebsbedingungen. d) Ausschalten ungünstiger Nebenwirkungen (Korrosion, Reibung). e) Begrenzen der Beanspruchung (Brechtöpfe bei

[1] Durch dieses Verlegen soll ein örtliches oder zeitliches Zusammentreffen des stärksten Angriffes mit dem geringsten Widerstand vermieden werden.

Walzwerken, Sicherungsstifte und Scherbolzen bei Pressen); Abfangen von Stößen (Sicherheitskupplungen, Rutschkupplungen); Dämpfen von Schwingungen usw.

Zu Frage B:

a) Verlegen der Gefahrenpunkte oder Verringern ihrer Häufigkeit. b) Verringern der Streuung. c) Anwenden der folgenden Schutzmaßnahmen:

1. Verändern der Zusammensetzung des Werkstoffes durch Hinzufügen von Schutzstoffen.

2. Verändern der Oberfläche des Werkstückes durch Herstellen oder Aufbringen von Schutzschichten, Farbanstrichen, aufgespritzten oder aufgewalzten Metallüberzügen, Härteschichten, Oxydschichten (Eloxalverfahren), aufgeschweißte Schichten. Oberflächendrücken, Kugeln, Zweistoffkonstruktionen.

3. Erzeugen von Schutzspannungen, die den zerstörend wirkenden Spannungen, den Störspannungen, entgegengerichtet sind; Abbau schädlicher Eigenspannungen.

4. Zielbewußte Abänderung der äußeren Form durch Verwenden von Schutzformen (z. B. Schutzformen bei Schrauben, Muttern, Ketten, Lasthaken, Zapfen, Naben, gegossenen Kurbelwellen, Schweißverbindungen usw.).

Ähnlich wie bei neuen Entwürfen wird man auch bei größeren Abänderungen alter Ausführungen vorgehen müssen. Grundsätzlich wird die Änderung veranlaßt sein durch einen erkannten und zu behebenden Nachteil oder durch einen anzustrebenden Vorteil.

Vorteile und Nachteile der Abänderung wird man nach Frage A und B genau abwägen. Aus einer von mir in einem bestimmten Fall durchgeführten Untersuchung sei angeführt, daß sich eine einzelne Änderung, z. B. die Änderung des Werkstoffes ausgewirkt hat auf die Werkstoffkosten, die Form, das Stückgewicht, das Leistungsgewicht, die Festigkeit, die Sicherheit, die Steifigkeit, die Wärmedehnung, die Oberflächengüte (Laufeigenschaften, Verschleiß, Korrosion), die Herstellungskosten, die Passungen, die Austauschbarkeit und den Wettbewerb[1].

Der Anblick, der Einblick und die „innere“ technische Schönheit[2]).

Ein Nachwort.

Die Schönheit eines Gemäldes, eines Standbildes, eines Turmes nehmen wir mit den Augen in uns auf. Der Dichter spricht von dem Auge, das trunken wird von Schönheit. Und wie ist es mit der Schönheit einer Maschine?

Ist es nicht merkwürdig, daß wir das Gemälde einer Lokomotive, das Werk des nachbildenden Malers als „Kunstwerk“ empfinden, uns freuen über Farbe und Form, über das Spiel von Licht und Schatten — während die meisten Beschauer das Werk des formenschaffenden Konstrukteurs nicht als Kunstwerk gelten lassen. Spielt dabei nicht unbewußt das Gefühl mit, daß ein gemaltes Pferd, ein in Bronze nachgebildetes Pferd ein Kunstwerk ist, nicht aber das lebendige Tier? Das ist geworden, gewachsen, ein immer wieder neu erzeugtes Wunderwerk der

[1] Vgl. die Richtlinien auf S. 6 und C. Volk: Das erweiterte Wöhlerbild, das neue Spannungsbild. Metallwirtsch. 1938, S. 1167; ferner: Lebensdauer der Bauteile-Ausnutzung des Werkstoffes, Metallwirtschaft 1939, S. 636 und die Berechnungsbeispiele in Hänchen-Volk, Schweißkonstruktionen, Verlag Julius Springer, 1939.

[2] Vgl. den gleichnamigen Aufsatz des Verfassers in der Rundschau Deutscher Technik, 18. Juli 1940.

Schöpfung. Und ist eine Lokomotive, sind die Maschinen und ihre Bauteile nicht auch gewachsen? Erzeugt aus naturgegebenen Stoffen und Wirkungen durch Schaffenskräfte und Willenskräfte, die dem Menschen eingeprägt sind!

Und wie wenig zeigt uns von diesem Schaffensvorgang das Bild des Malers, das eine Lokomotive darstellen soll? Es zeigt uns nicht viel mehr als die äußere Hülle — aber das Wunderwerk der technischen Schöpfung liegt erst hinter dieser Hülle, erst der Einblick enthüllt dem Kenner die innere Schönheit. Da sehen wir, ewigen Gesetzen gehorchend, das Strömen des Dampfes, das Fluten der Wärme, das Spiel der Kräfte, sehen die verschlungenen Bahnen, in denen der Werkstoff die Spannungen weitergibt, und die dünnen Ölschichten, auf denen die Last der Maschine ruht.

Wir können stolz darauf sein, daß auch im Menschenhirn schöpferische Kräfte wirksam sind, Teile jener Macht, die das Weltall erfüllen, müssen aber zugleich erkennen, wie begrenzt das Menschenwerk ist — Riesenturbinen, mächtige Krane, Flugzeuge — aber nicht eine winzige lebende Zelle! Wie meisterhaft die Natur ihre Probleme löst, und wie wenig wir Menschen zustande bringen, wenn wir die Natur nachahmen wollen, das haben alle Konstrukteure erfahren, die (wie der Verfasser) im Weltkriege versucht haben, künstliche Gelenke oder sogar Hände für Kriegsverletzte zu schaffen!

Ja, selbst die hervorragendste technische Tat, die technische Erfindung, sie entsteht, nach einer nüchternen Reichsgerichtsentscheidung, nur dadurch, daß der Mensch „wissentlich oder unwissentlich“ der Natur „die Bedingungen darbietet, sich auf neue Weise zu betätigen“.

Nur ein bescheidenes Mittleramt ist also dem forschenden und schaffenden Ingenieur gegeben: er kann dem vorhandenen Stoff kein wirkliches Leben einhauchen, aber er kann ihn umformen zum bewegten Werkzeug, er kann vorhandene Kräfte befreien und in neuen Bindungen und Formen wirksam werden lassen. Er steht dabei im Dienste jener Macht, die der Maschinenwelt ein „Werde“ zuruft. Dieser Macht können wir aus dem Glauben heraus einen Namen geben und mit Otto Lilienthal dem „Menschen dort im Staube“ zurufen:

„Es kann Deines Schöpfers Wille nicht sein,
Dir ewig den Flug zu versagen . . .“

Andere mögen an der Weidenblüte oder dem Bienenstachel — messend und forschend — dem Gesetz nachspüren und sich ihm fügen.

Und wie sich nur dem forschenden, verstehenden, sich einfühlenden, einblickenden Beschauer die wundervolle Harmonie der Natur offenbart, so kann auch die Schönheit des technischen Werkes nur durch Einblick erkannt werden, Schönheit heißt auch hier: Harmonie, Reife, Klarheit. Die Form wird zum Ausdruck der Notwendigkeit.

Wo immer aber bisher von Kunst und Technik und von nachbildenden Künstlern und ihrer Darstellung technischer Werke gesprochen und geschrieben wurde, war nur vom Anblick, von der äußeren Schönheit die Rede.

Und wo wir auch vom Einblick ergriffen sind — wie beim Eisenwalzwerk von Adolf Menzel —, da sehen wir nicht die Maschine, sondern die Beziehung des Menschen zur technischen Arbeit.

Zum Erkennen der inneren Schönheit gehört auch der Einblick in die Geschichte der Maschinen und Bauteile, in ihr Werden und ihre Wandlung. Was Goethe sagt, der sich viel mit der Metamorphose der Tiere und Pflanzen beschäftigt hat.: „zum Erstaunen bin ich da“ — es gilt auch von der Wandlung der Maschinen.

Und hier ist nochmals ein Unterschied zwischen dem Kunstwerk und dem technischen Werk: die Kunstwerke sind einmalig, sie ändern sich nicht, die Werke der Technik wandeln sich, vermehren sich, wachsen — wie die Werke der Natur.

Es hat fast den Anschein, als könne der Mensch die Natur unterjochen, neue Gebiete erobern, den Stoff besiegen. Zschimmer spricht von dem Geheimnis, „daß Natur durch Natur zu bezwingen sei“. Aber das ist ein Trugschluß! Wir können der Natur nicht unseren Willen aufzwingen, wir müssen uns dem Gesetz beugen, dem auch sie gehorcht. Nicht als Gegner und noch weniger als Sklave ist sie uns zu Diensten. Und wenn der Konstrukteur vieles nur nach Kampf und zähem Ringen schaffen kann, so kämpft er nicht gegen die Naturkräfte, sondern er ringt um Erkenntnis, um Wissen, um Klarheit, um besseren Einblick. Im Anfang der Entwicklung war es der einzelne, der im Kampfe stand. Heute aber ist es eine große Gemeinschaft, ein reich gegliedertes Heer von Forschern, Entdeckern, Erfindern, planenden und ausführenden Ingenieuren, Facharbeitern und Hilfskräften aller Art.

Schon Max Maria von Weber sagt, daß die wesentlichen Elemente einer neuen Konstruktion „wie aus der Gesamtheit einer ganzen Zeit, eines ganzen Volkes heraus“ gewachsen erscheinen. Oft und oft läßt sich der Anteil des einzelnen am erzielten Fortschritt nicht eindeutig feststellen; soll aber das gemeinsame Werk freudig vollbracht werden, so muß jeder der vielen Mitarbeiter dessen Wert und dessen Schönheit „im innern Herzen“ spüren.

Druck von Julius Beltz in Langensalza. L/0490.